大数据时代的生物技术和农业

李 宏　王拥军　编著

科学出版社
北京

内 容 简 介

本书主要阐述了大数据时代生物技术和农业即将发生的变革。前 3 章介绍了大数据的基本概念和重要性，人类基因组计划产生的大量数据对医学和药物设计带来的推动力量，生物信息学的发展对于医学研究、临床医疗和药物开发的影响；第 4 章介绍了大数据引发的农业技术变革，包括作物基因组计划对遗传育种的积极影响，大数据与精准农业等内容；最后一章对大数据的安全性和相关伦理学问题进行了讨论。

本书适合于生物医学、农业生物技术和管理等学科的本科生和研究生阅读，也可作为从事相关学科研究的参考书。

图书在版编目(CIP)数据

大数据时代的生物技术和农业 / 李宏，王拥军编著. — 北京：科学出版社，2019.9
ISBN 978-7-03-062207-5

Ⅰ.①大… Ⅱ.①李… ②王… Ⅲ.①数据处理-应用-生物工程-研究 ②数据处理-应用-农业-研究 Ⅳ.①Q81②S-39

中国版本图书馆 CIP 数据核字（2019）第 188444 号

责任编辑：冯　铂　黄　桥 / 责任校对：彭　映
责任印制：罗　科 / 封面设计：墨创文化

科 学 出 版 社 出版
北京东黄城根北街16号
邮政编码：100717
http://www.sciencep.com

成都锦瑞印制有限责任公司 印刷
科学出版社发行　各地新华书店经销

*

2019 年 9 月第　一　版　　开本：B5（720×1000）
2019 年 9 月第一次印刷　　印张：11
字数：220 000
定价：99.00 元
（如有印装质量问题，我社负责调换）

自　　序

大数据正在给社会经济发展带来前所未有的机会，世界各国都意识到了这一点。有关大数据方面的书籍，也引起了读者的兴趣。如美国的埃里克·托普(Eric Topol)所著的《颠覆医疗：大数据时代的个人健康革命》《未来医疗：智能时代的个体医疗革命》，德国的埃拉德·约姆-托夫(Elad Yom-Tov)所著的《医疗大数据：大数据如何改变医疗》，日本 21 世纪医疗论坛所编著的《大数据时代的医疗革命》等书，都是在关注大数据对未来医疗的影响。中国在大数据领域也有所探索。

中国人非常关心医疗问题，原因是中国人口众多，而医疗资源很匮乏，与发达国家相比，我国当前的医疗状况不容乐观。在看病难这种现状没有改变之前，人们总是希望医疗条件有所改善，大数据给人们带来了希望。大数据将颠覆传统医疗，引发医学的一场大变革。人们希望通过这场变革看到医疗现状的改观。农业问题也是中国人非常关注的，中国的人口众多，土地资源有限，如何提高农业生产效率，任务十分艰巨。用有限的资源，养活近 14 亿人口，中国的农业必须发生转变，传统的种植模式已经无法满足不断增长的人口需要，在这种情况下，精准农业有了市场，而大数据是实现精准农业不可缺少的技术支持。

本书的编写有两个目的，一是让人们了解大数据即将给医疗和农业带来的巨大变革；二是让人们认识大数据的两面性，大数据的个人隐私安全和个人权益，是当前人们担忧的问题。但大数据给社会经济发展带来的好处是肯定的，大数据已经被美国上升为国家战略，被认为是 21 世纪的"新资源、新石油"，社会经济发展越来越离不开大数据。谁抢占了大数据，谁就抢占了先机。因此，大数据引起了许多企业家的关注，被称为新的财富。

李　宏

2019 年 2 月 28 日

前　言

　　大数据时代已经悄然而至，渗透到我们生活的方方面面。大数据正在以破坏性创造的方式，改变传统医学模式和农业的生产模式。与脱氧核糖核酸（deoxyribonucleic acid，DNA）有关联的领域，都因为基因组数据的大量增长而悄然发生改变，但人们还没有完全了解可能发生的改变，以及在今后的几十年会对我们的生活产生何种的影响。

　　在人们正在为某些问题疑惑不解的时候，总有一些科学先贤走在了研究的前列。历史事件总有那么多的巧合，并且反复重现。在人们对地球物种多样性的来源疑惑不解的时候，在剑桥大学神学院学习的达尔文偶然的机会踏上了贝格尔号科考船去了远方，这次远途航行载回了满满的收获——达尔文关于物种进化的思想，他也从一个剑桥大学神学院的学生摇身转变成为影响人类观念的自然科学家，动摇了宗教的神创论。而当人们对遗传物质争议不休的时候，同样是来自剑桥大学的两位年轻学者——詹姆斯·沃森（James Watson）和弗朗西斯·克里克（Francis Crick）提出了DNA双螺旋结构模型。与达尔文进化论一样，这一发现具有划时代的意义。生命科学的快车就在双螺旋搭建的轨道上高速前进，跨越了一个半世纪。几个具有重大意义的技术革新，如基因的一代测序、二代测序和各种组学的技术等大大加速了生命科学领域数据的产生速度。基因组测序产生的海量数据正在改变生物医学研究者的研究思路，习惯于从实验入手进行研究的科学家现在面临着一种更优的选择——从数据入手进行研究，这种方法逐渐被人们接受，因为有许多事例证明了从数据入手进行研究是一种成本很低、更省时间和人力的方法，常会出现"弯道超车"的奇迹。

　　大数据必然会对生物医学和农业带来惊喜，大数据将驱动技术创新，并且助力于生物医学和农业生物技术领域的创业，为创业者提供更好的发展空间和环境。置身于大数据时代的我们将会迎来更多的机遇，借助于大数据，可以即时获得有价值的信息，预测市场变化，采取应对措施。

　　全书共分为五章，主要阐述了大数据时代生物医学和农业即将发生的变革。前3章介绍了大数据的基本概念和重要性，人类基因组计划产生的大量数据对医学和药物设计带来的推动力量，生物信息学的发展对于医学研究、临床医疗和药物开发的影响；第4章介绍了大数据引发的农业技术变革，包括作物基因组计划对遗传育种的积极影响，大数据与精准农业等内容；最后一章对大数据的安全性和相关伦理学问题进行了讨论。第1章至第3章由李宏执笔，第4章和第5章由王拥军执笔。

本书的写作过程中得到了单位和学院领导以及同事的大力支持和帮助,科学出版社成都分社的黄桥编辑对本书的出版付出不少心血。在此感谢各位领导、同事和编辑的关心和支持,是他们给了我很大的勇气和动力来完成本书的写作。

大数据正引领着这个时代向新的方向发展,作为一个新兴的事物可能不能很快被大众接受,但大数据给整个社会带来的好处远远超过了它的负面影响,这一点是不可否认的,正如人类历史上的其他新兴事物一样。本书只是让读者对大数据对生物医学和农业带来的变革有所了解,并没有很专业、很深入地切入,希望起到"抛砖引玉"的作用,相信今后这方面的书籍会逐渐增多,大数据也会随着时代的发展出现新的应用。由于编者水平所限,不可能面面俱到,书中的不足之处在所难免,恳请同行和广大读者批评指正!

目 录

第1章 大数据的来源 ... 1
1.1 大数据的概念及类型 ... 1
1.1.1 生物学和医学大数据 ... 2
1.1.2 农业大数据 ... 6
1.2 人类基因组计划 ... 12
1.2.1 DNA双螺旋的魔力 ... 13
1.2.2 解码"生命天书" ... 15
1.3 大数据对生命科学的影响 ... 19
1.3.1 生物信息学的概念 ... 20
1.3.2 生物信息学的诞生和发展 ... 21
1.3.3 信息资源与生命科学研究 ... 23
1.3.4 计算机时代的生物学 ... 24
1.4 了解基因组数据库和生物信息学 ... 26
1.4.1 生物信息学研究的主要推动力 ... 26
1.4.2 特定基因组资源 ... 34
1.4.3 疾病基因组资源 ... 37
1.4.4 DNA序列分析 ... 39
1.4.5 寻找序列之间的差异 ... 44
1.4.6 多序列比对 ... 49
1.4.7 二次数据库搜索 ... 53
1.4.8 常见的生物信息学分析软件 ... 54

第2章 生物医学的变革 ... 57
2.1 个体基因组时代即将来临 ... 57
2.1.1 寻找人类遗传疾病的根源 ... 57
2.1.2 全基因组关联研究及存在的问题 ... 58
2.1.3 eQTL作图 ... 63
2.1.4 挑战与策略 ... 64
2.2 个性化医学 ... 66
2.2.1 个体遗传差异 ... 67
2.2.2 个性化医学的意义 ... 67

  2.2.3 如何实现个性化医疗服务 ································ 68
 2.3 大数据将颠覆传统医学 ······································· 69
  2.3.1 传统医学模式的弊端 ··································· 69
  2.3.2 医患关系 ··· 70
  2.3.3 医学互联网的出现 ····································· 74
  2.3.4 移动医疗 ··· 77
  2.3.5 颠覆传统医学 ··· 78

第 3 章 大数据对制药公司的影响 ······································ 85
 3.1 药靶的筛选 ··· 85
  3.1.1 药物基因组学 ··· 87
  3.1.2 大数据如何给药物研发带来新革命 ······················· 89
  3.1.3 未来的场景 ··· 90
 3.2 药物的个体差异 ··· 90
 3.3 基于大数据的药物设计 ······································· 92
  3.3.1 计算机辅助药物设计 ··································· 92
  3.3.2 计算机辅助疫苗设计 ··································· 95
  3.3.3 药物研发的大数据处方 ································ 101
  3.3.4 大数据转变面临的挑战 ································ 105

第 4 章 大数据引发农业的变革 ······································ 108
 4.1 何为农业大数据 ·· 108
 4.2 大数据对农业的影响 ·· 108
  4.2.1 种质创新 ·· 109
  4.2.2 精准农业 ·· 113
  4.2.3 食物追踪 ·· 114
  4.2.4 对供应链的影响 ······································ 117
 4.3 如何利用农业大数据 ·· 118
 4.4 大数据与遗传育种 ·· 118
  4.4.1 基因组辅助育种技术 ·································· 119
  4.4.2 作物基因组与遗传改良 ································ 124
  4.4.3 经济动物基因组及遗传改良 ···························· 137
 4.5 农业信息管理 ·· 139
  4.5.1 作物品种资源数据库 ·································· 140
  4.5.2 动物遗传资源数据库 ·································· 140
  4.5.3 农业有害生物数据库 ·································· 141
 4.6 智能化管理农场网络 ·· 142
  4.6.1 智能化农业生产管理 ·································· 142

- 4.6.2 农产品物流信息管理 ... 142
- 4.6.3 农产品信息回溯 ... 143
- 4.7 结合中国国情，促进精细农业与大数据融合 ... 145
- 4.8 农业大数据的美好未来 ... 146

第5章 大数据时代的伦理隐忧 ... 148
- 5.1 基因组信息涉及的伦理隐私 ... 148
  - 5.1.1 伦理学问题 ... 148
  - 5.1.2 基因信息与身份识别 ... 148
  - 5.1.3 基因信息可能暴露意外的亲缘关系 ... 149
  - 5.1.4 基因信息可用于推测个人特征 ... 149
  - 5.1.5 基因信息可能导致基因歧视 ... 149
  - 5.1.6 基因信息可能导致保险公司歧视性定价策略 ... 150
- 5.2 什么类型的基因检测更容易存在伦理隐患？ ... 150
  - 5.2.1 单基因检测 ... 151
  - 5.2.2 疾病的基因检测 ... 151
  - 5.2.3 全外显子、全基因组检测或检测位点非常多的芯片检测 ... 151
  - 5.2.4 亲子鉴定、司法鉴定 ... 151
- 5.3 如何注意避免泄露基因隐私 ... 152
  - 5.3.1 了解检测目的 ... 152
  - 5.3.2 阅读知情同意书和条款，保护自身权利 ... 152
  - 5.3.3 了解检测所使用的技术手段 ... 152
- 5.4 大数据时代生命伦理展现价值维度 ... 152
  - 5.4.1 生命伦理学的出现及其研究范畴 ... 153
  - 5.4.2 生命伦理学原则 ... 154
  - 5.4.3 大数据时代的医学伦理与信息安全 ... 155

主要参考文献 ... 161

第 1 章　大数据的来源

本书所讲的大数据是与生命科学、医学和农业密切相关的数据和信息，当然一般意义上的大数据含义更广，涉及的学科领域和研究范围更大。

1.1　大数据的概念及类型

2012 年是不平凡的一年，"大数据"（big data）一词被各大宣传媒体报道，成了热点词汇。大数据因我们这个时代的信息爆炸而生，用于描述和定义由此产生的海量数据，以及与之相关的技术发展与创新。人类是一个想象力丰富、敢于面对挑战的物种，大数据对人类提出了新的挑战，这也激发了人类提高数据驾驭能力的欲望。正如《纽约时报》2012 年 2 月的一篇专栏中所称，"大数据"时代已经降临，在商业、经济及其他领域中，决策将日益基于数据和分析而做出，而并非基于经验和直觉。

引入大数据这种新概念的功劳应归功于国际著名期刊《自然》（*Nature*）。早在 2008 年 9 月 4 日，也就是谷歌成立 10 年前际，《自然》期刊推出了一期大数据专辑，包括 8 篇大数据专题文章加上 1 篇编者按。从此，大数据就以一种新概念的形式进入了公众视野。目前对大数据的定义有三种，分别从数据体量、复杂性程度、价值三个角度来界定什么是大数据。国际著名管理咨询公司麦肯锡十分看重大数据的价值，并认为大数据是指那些规模大到传统的数据库软件工具已经无法采集、存储、管理和分析的数据集。麦肯锡对大数据的定义表现出，有效利用大数据需要有超越传统数据分析的技能，否则，大数据只是一堆数字、图像而已。

科技发达的美国在大数据的利用方面也抢得头筹，2012 年 3 月 22 日，奥巴马政府宣布投资 2 亿美元资金用于拉动大数据相关产业发展，并将"大数据"上升为国家战略。奥巴马政府认为大数据是"未来的新石油"，对于国家的经济发展是不可缺少的新资源，一个国家拥有数据的规模、活性及解释运用的能力将成为综合国力的重要组成部分，未来对数据的占有和控制甚至将成为陆权、海权、空权之外的另一种国家核心资产。奥巴马政府对大数据的重视程度已经到了与石油能源同等的水平，美国曾经因争夺石油控制权而对石油富产国发动战争，是因为石油是国家经济的命脉，由此可见大数据的价值是不容低估的。

联合国也在 2012 年发布了大数据政务白皮书，指出大数据对于联合国和各国政府来说是一个历史性机遇，人们如今可以使用极为丰富的数据资源，来对社会经济进行前所未有的实时分析，帮助政府更好地响应社会和经济运行。从政府层面上来讲，推动大数据的应用可以刺激经济的发展，也显示出大数据的重要性。

下面就生物学和医学以及农业大数据作基本的介绍。

1.1.1 生物学和医学大数据

随着现代科学技术的发展，特别是近年来生命科学领域中的基因组测序技术的进步，产生了大量的生物医学数据，其特点是数据量特别庞大。虽然不同来源的数据其格式不同，但在互联网广泛应用的今天，这些已经可以得到解决。不同来源的数据融合、互换、对比以及更新已经成为常态。许多生物医学数据库也建立起来，并通过互联网技术实现数据共享。特别是人类基因组计划产生的庞大数据资源的共享，促进了世界各国的科技合作和研究模式的变革。

大数据提供的信息是多方面的，这对使用者有利。但数据的形式和格式不同，也带来了数据交换的困难和障碍。因此，数据的标准化是十分必要的，如医疗影像行业内通过制定医学数字影像和通信(digital imaging and communication in medicine，DICOM)标准，可以将不同格式的数据转换成标准数据模式。

针对不同格式的生物学数据，需要通过计算机软件对其进行整合集成，并且使用功能强大的查询系统进行数据查询。SRS 和 Entrez 等查询系统就是其中比较典型的例子，用于解决不同格式的生物学数据的利用问题，为生物信息资源的利用提供了极为有效的工具。它们将各种类型的数据库集成在一起，通过统一的界面和查询方法，利用计算机网络，实现了信息共享。SRS 即"Sequence Retrieval System"的英文缩写，由欧洲的 EMBnet 开发，用于查询 EMBnet 收集和整理的许多格式不同的生物数据库。Entrez 查询系统是由美国国家生物技术信息中心(National Center for Biotechnology Information，NCBI)开发的数据库查询系统，使用过 Entrez 查询系统的人会感觉这是一款很不错的查询软件，并且很快就会喜欢上它。Entrez 采用自动列出相关记录的方法，实现同一数据库中不同条目或不同数据库之间的链接。但与 SRS 不同，Entrez 是一个封闭的数据库系统，而 SRS 是一个开放的系统。

大数据时代的来临对实验科学产生了重大影响，这种影响不仅是在研究方法上，而且也改变了研究者的视角。以往，研究者通过实验研究来观察现象，实验目的是获得结论或者是提出一种新假设。而现在，生物医药领域的科学研究已经转变成了数据驱动过程，通过对海量数据的研究来探索其中的规律，可以直接提出假设或得出可靠的结论。数据挖掘已经成为生物医学研究的必备手段，但数据挖掘需要具备特定的分析技能，因此必须有相应学科的人员参与，这就需要进行团队合作。利用同行研究数据进行 Meta 分析，在生物医学领域已经流行起来。

推动生物医学研究的测序技术发展很快,从早期的第一代 DNA 测序技术,发展到高通量测序技术,到现在的第三代 DNA 测序技术,其技术本身发生了质的飞跃。此外,医学影像数据也不断增多,健康档案和文献数据也丰富了大数据资源。广泛存在的数据共享正带来新的挑战,如分析和移动大量数据集存在的计算和输送上的困难,以及如何保护研究参与者的隐私问题。对强大可靠的计算平台的需求,正带来生物医学研究中云计算使用的快速增长。

1. 新的 DNA 测序技术与序列数据

第二代测序技术(next generation sequencing)也叫高通量测序技术,可以一次对几十万到几百万条 DNA 分子进行序列测定,使得对一个物种的转录组和基因组进行细致全貌的分析,以及在极短时间内对人类转录组和基因组进行细致研究成为可能。第二代测序的核心思想是边合成边测序(sequencing by synthesis,SBS),即通过捕捉新合成的末端的标记来确定 DNA 的序列。与传统的桑格(Sanger)测序技术相比,新一代测序平台最大的变化是无须克隆这一烦琐的过程,而是使用接头进行高通量的并行聚合酶链反应(polymerase chain reaction,PCR)直接测序,并结合微流体技术,利用高性能的计算机对大规模的测序数据进行拼接和分析。新一代测序平台所产生的数据量巨大。使用第一代 ABI 3730XL 毛细管电泳测序仪进行基因分析,每年至多能完成 6000 万碱基的测序量,这样的速度要对人类基因组 300 亿碱基序列测序,唯一可行的就是多国合作。DNA 测序技术跟随着人类基因组计划的步伐,实现了令人惊喜的跨越。2005 年罗氏公司和 454 生命科学公司联合开发出了新一代测序技术,使用焦磷酸测序仪进行基因分析的速度已经远远超越了第一代的 ABI 仪器的速度。如今,新一代测序平台 SOLiD 单次运行,便可以分析 6Gbp(10 亿碱基对)的碱基序列,每周能够产生大约 100×10^9 个 DNA 碱基序列;Solexa 能够对最长 150 个碱基的 DNA 片段进行测序,每周能够产生大约 200×10^9 个 DNA 碱基序列;而 Illumina Genome Analyzer(GAII)测序系统仅在两个小时的运行时间里,就得到 10TB 的信息。这些由数据机器组成的"数据工厂"每天通过流水线可产生数量庞大的数据。在飞速增长的数据量面前,科研人员感受到了巨大的压力,在数据存储、数据分类、数据处理等方面面临种种困难和考验。

另外还有一个非常现实的问题,目前的 DNA 测序仪生产商仅仅提供用于某些特定基因信息分析的软件,如靶标重测序、基因表达分析、染色质免疫沉淀反应或基因组从头测序等,而并未提供任何其他类型的下游生物学信息分析软件用于第二代测序数据分析,从而使相对便宜的第一代测序受到很多科研机构的青睐。要发挥第二代测序的优势,必须解决第二代测序数据分析问题。只有开发出经济实惠的分析软件以及数据管理系统,第二代测序才能真正实现大范围普及。

第三代测序是一种单分子测序方法,如 Helicos Biosciences 公司的 tSMSTM

技术平台、SMRT 技术以及 Oxford Nanopore Technologies 公司研发的纳米孔测序技术。单分子测序的分辨率具有第二代测序方法不可比拟的优势，由于没有 PCR 扩增等步骤，不存在 PCR 扩增引起的碱基错配，因此单分子测序的精准度很高，特别适用于特定序列的单核苷酸多态性(single nucleotide polymorphism，SNP)检测，稀有突变及其频率测定。例如在医学研究中，对于 FLT3 基因是否是急性髓细胞白血病(acute myeloid leukemia，AML)的有效治疗靶标一直存在质疑。研究人员用单分子测序分析耐药性患者 FLT3 基因，发现该基因下游的稀有突变与耐药性有关，证明了 FLT3 基因是急性髓细胞白血病的有效治疗靶标，消除了一直以来对于这一基因靶标的疑惑。删除了 PCR 步骤的单分子测序能够在更短时间内得到序列数据，减少了客户等待时间，为该技术的临床应用奠定了基础。

2. 医学影像

很多大型医院的医生在给患者开处方之前习惯让患者去做 CT 成像、磁共振成像、超声成像、核医学成像等检查，以便对疾病进行诊断。医生根据医学影像来诊断疾病，这些看似符合逻辑的行为，也助涨了医院在医学检查方面的行为取向，不但增加了患者就医成本，还使医学影像数据海量增长。目前，各大医院的医学影像数据已激增至数十乃至数百万亿字节。伴随医学影像数据激增的是过度的医学检查，这不但不利于改善健康状况，反而会增加发生疾病的风险。如 X 线胸部透视，很多人在一般的体检项目中都做过，但真正查出疾病的只占少数，对于健康的人而言，辐射显然是有害的。还有用于心血管系统成像分析的造影剂，对人体的影响比 X 线透视更严重。特别是有肾衰的人，最好少做造影成像分析。

在临床诊断和医学研究上，医学图像确实是不可缺少的重要参考资料，能够帮助医生判断病情，提出有针对性的治疗方案。这就要求医学图像的分辨率和准确性都很高，但是对于不同的疾病需要采用的成像技术有差异，而且同一种疾病也会采用几种成像技术进行分析，由此产生的图像数据差异极大，异构明显，增加了医学图像数据分析的复杂性。

3. 健康档案

用于记录居民健康状况的健康档案，可从社区、家庭和个人等不同层面反映对疾病的易感性，用于对流行性疾病的防治和家族性遗传疾病以及个人健康的医疗诊断。健康档案可以分为个人健康档案、社区电子健康档案和家庭健康档案三类。个人健康档案包含了个人一生中所有的健康信息；社区电子健康档案是以个人健康档案为基础进行汇总，对于区域疾病防治、建立区域医疗体系非常重要。家庭健康档案一般用于呈家族性遗传特征的人类疾病的分析和治疗。随着医学科学的发展和社会的进步，除了传统的医学图像数据、药物敏感性数据和各种检测数据外，今后基因检测数据或个人基因组数据也会逐渐纳入健康档案中来。

其实健康档案很早就有，在历史上的一些皇家疾病就是通过家族对遗传性疾病的详细记载被发现的，如19世纪英国王室家庭的血友病、德意志封建统治家族哈布斯堡家族的下颌突出等。只不过那时候的健康档案局限于王室和贵族，属于家庭和个人健康档案。对于一些流行性疾病，如天花、黑死病、麻疹、梅毒等，在历史上也有记载，这类似于社区健康档案，但它的范围更广，面向的是整个疾病流行的地区。如对雅典瘟疫的记载，反映了在当时这个城市的疾病流行情况。但由于科学技术水平的限制，历史上对疾病的记载都是以文字档案的形式存在，不仅成本较高，长期保存有困难，还容易因为火灾或腐蚀而失传，而电子档案可以克服这些缺陷。

健康档案具有以下三个特点：一是具有持续、大量增长的特点；二是数据格式复杂，不容易整合；三是数据模式会根据时间的推移不断变化、演进。此外，在收集日常健康数据进入健康档案时，如何保证数据的准确性、有效性也是建立健康档案时必须面临的问题和挑战。在计算机广泛普及的时代，临床医生在与患者接触的十分钟里，有七八分钟花在输入数据等事项中，真正与患者交谈的时间仅有二三分钟。因此，难免会出现对病情了解不够准确的问题。

个人健康档案系统在科研、医疗、公共卫生等领域的应用十分广泛，重点包括个人健康状况相关因素分析，疾病地域分布、年龄分布、个人生活史、遗传史等流行病学分析，疾病转归相关因素分析，各种疾病多种治疗手段疗效及费用对比分析，各医疗机构三日确诊率、各种诊断符合率、切口感染率、床位周转率、医疗事故与差错等各种医疗质量和医疗效率指标统计。因此，健全个人健康档案系统就需要对这些因素进行全面的规范和管理。

建立健全医疗健康档案，还需要解决如下几个问题：一是应完善健康档案的存储体系及备份方案；二是建立数据交换标准与方法，通过医疗机构间信息交换提高基层医疗水平；三是建立健康档案的安全机制，对于涉及居民隐私信息的，要保障其信息不得对外泄漏，确实具有医学研究价值的信息，在取得居民同意后才可公开其信息用于科学研究。

4. 医学文献

在现代生物与医学科技快速发展的时代，传统的"生物医学模式"正在向"生物—心理—社会"模式转化。医学涉及学科众多，学科的交叉渗透促进了医学研究的发展，在各类刊物上发表的医学文献数量剧增。医学文献不仅成为重要的资源，而且成为医学界知识更新的主要来源和重要工具。很多国家建立了专门的医学文献数据库，如国外的PubMed、BMC、BMJ以及国内的SinoMed、CBMdisc。在互联网信息资源中，有30%以上都是医学信息资源。医学文献正在以每年7%的速度快速增长。例如：国际著名生物医学数据库PubMed的数据量达到近2000万条，每年还递增60万～70万条；生物医学与药理学文献数据库Embase的数据量达 1100 余万条，每年还新增 50 万条。临床医生平均每天必须阅读 19 篇专业文献，才能跟上当今医学的发展，才能算是一个合格的临床医生。现代医学正进入"信息爆炸"的时代，增强临床医生的综合素质，提高医学信息检索与知识更新能力，才能应对医学信息复杂化的挑战。

在生物医学大数据时代来临之际，我们应尽快构建一个实时、便捷、全方位的医药领域研究与应用系统。在生物医学信息和文献的收集与管理方面，美国国家生物技术信息中心、欧洲生物信息学研究所(European Bioinformatics Institute, EBI)以及日本 DNA 数据库(DNA Data Bank of Japan, DDBI)做出了典范，值得我国借鉴。虽然面临的困难很大，但生物信息资源的建设意义重大。目前我国还主要处在对医疗流程的信息化管理、质量控制等初级阶段，尚未开展面对"大数据"的系统研究与挖掘。但这种研究与挖掘必将成为生物医学发展的趋势，未来的赢家必然是掌握了以大数据为核心的技术。大数据的到来，既对临床医生、医院、研究人员、医疗监管机构等都提出了巨大挑战，也为生物医学研究带来了前所未有的机遇。如何有效地利用这些信息并最大限度地减少伦理相关问题对个人和公众的困扰，是亟待解决的重要课题。

1.1.2 农业大数据

农业大数据是大数据理念、技术和方法在农业上的实践。农业大数据与耕地、播种、施肥、杀虫、收割、存储、育种等各环节有密切关系，涉及范围十分广泛，具有跨行业、跨专业、跨业务等特征，对数据进行分析、挖掘以及可视化，最终服务于农业生产。农业一直是技术相对落后的产业，农村的基础设施相对落后，这就给农业大数据的应用设置了障碍。互联网和计算机的普及使农业大数据搭上了信息高速公路的快车，通过进一步完善农业基础设施，农业大数据的应用前景看好。

目前，大力发展农业大数据，加快推进信息化发展，促进信息化和现代化融合，已经成为各国发展农业的重要趋势。2013 年，英国正式启动"农业技术战略"，提出高度重视利用"大数据"和信息技术提升农业生产效率。美国、法国等通过政府推进农业大数据技术也取得了较好的成效。

中国是世界上人口最多的国家，其粮食需求量巨大，以世界 7%的耕地、6%的淡水资源养活全世界约 1/5 的人口，我国农业发展任重而道远。近 50 年来，作物科学的发展有力推动了"中国绿色革命"，中国的粮食总产和单产均提高了 5 倍多。"中国绿色革命"对于世界粮食增产所做的贡献非常巨大，可以说中国应该是世界绿色革命的起源地与代表国。中国是世界上最早培育与推广杂交水稻的国家，这对于绿色革命之后中国粮食产量的大幅度提高产生了重要的作用。长期以来，中国是一个以农业为基础的国家，农业为今天国民经济的高速发展做出了巨大的贡献。

1. 作物基因组

迅速发展的基因组测序技术在越来越多的农作物基因组研究上取得了突出成果。继水稻基因组测序之后，世界各国又完成了 64 种作物基因组测序，其中包括主要粮食作物（小麦、玉米、高粱、谷子等）、经济作物（棉花、大豆等）、园艺作物（主要蔬菜、果树等）等。值得提出的是，这些项目中有 25 种是由中国独立或参与完成的，这标志着我国作物科学已经进入基因组学时代。基因组测序不仅在全基因组水平揭示了物种的组成，而且为种质资源变异组学研究、育种基因组与栽培基因组研究奠定了基础。

基因组测序与分析发现，不同作物虽然因重复序列比例不同而呈现出基因组大小的巨大差异，但其二倍体基因组中的基因数量相似，均为 3 万～4 万个；在这些功能基因之中，有许多决定作物数量性状位点（quantitative trait loci，QTL），在作物抗旱性、抗寒性等特异性状方面，这些数量性状位点所起的作用较大。例如，高粱的抗旱性与其携带较多的抗旱基因有关，小麦的抗寒性与其携带较多的抗寒基因有关。如果要培育抗旱型作物品种，就需要多聚集类似高粱基因组中的抗旱基因，同样，培育抗寒型的作物品种，就要把小麦基因组中的抗寒基因借用过来。如果育种工作者发挥到极致，充分利用这些优良性状的遗传基因，那么，全世界的农业生产将得到很大的提高。我国北方地区冬季天气寒冷，而且年平均降雨量较小，属于缺水地区，如果培育出既抗寒冷又抗干旱的作物品种，就可以利用北方广阔的土地种植这种作物，将荒野变成粮仓。

在农业上长期得以运用的常规育种技术已经为农业生产做出了巨大贡献，但传统育种方法的缺点是周期较长、效率较低。虽然近年来发展起来的基因工程技术加快了农业育种的步伐，但由于人们对转基因安全性的担忧，使得这种新技术受到了很多的限制。而近年来快速发展的基因组编辑技术，特别是被喻为"遗传手术刀"的 CRISPR/Cas9 技术，能对目标基因进行精准的编辑，通常可以实现只有少数碱基的取代或者删除，这与基因组上时常发生的自然或诱导突变本质是完全一样的。通过基因组编辑，针对作物某个性状的目标基因，育种工作者可以参照其他优良种质或者近缘物种的同源基因来进行编辑，这正是常规育种希望达到的目的。但是在效率和可控制性等方面，基因组编辑技术明显优于常规育种手段。如果把常规的基因工程比作是大的外科手术，基因组编辑则相当于微创外科手术。美国农业部已经宣称基因组编辑作物不属于转基因生物范畴。虽然欧盟还未表态，但最近德国和瑞典的相关主管部门已经宣称，一些基因组编辑的作物和常规育种作物本质上是完全等同的。一向对转基因作物有强烈排斥意识的欧洲，在看待基因组编辑作物方面的态度明显趋向于平和，这对基因组编辑技术未来在农业上的应用是一件好事，至少不会遇到转基因作物那样尴尬的局面。

要对一个作物品种的遗传种质进行改良，在进行育种时还需要有多个参照基因组，其中特别重要的是杂合基因组。通过对作物的遗传改良和育种，提高了作物的产量，同时确保了粮食生产安全。对一个物种而言，完整的高质量基因组序列是其广义研究中不可估量的宝贵资源，并且是基因组学、基因功能、分子和进化研究的坚实基础，基因组参考序列的质量在一定程度上也体现了该物种的研究进展和水平。水稻是重要的粮食作物，在遗传学、分子生物学及基因组学研究中具有重要地位，同时也是第一个全基因组测序的禾谷类作物。粳稻品种日本晴和籼稻品种 93-11 分别通过逐个克隆法(clone-by-clone)和全基因组鸟枪法(whole genome shotgun，WGS)进行了全基因组测序，其中日本晴参考序列被公认为现有作物基因组序列中质量最高的，但其中仍然存在着组装错误和空缺的问题。

近十年中，在植物基因组学研究中的诸多科学里程碑式的成果使得人们能够在分子水平对等位基因进行更精确的鉴定。这些里程碑式的成果包括拟南芥、水稻和白杨基因组的测序，表达序列标签(expressed sequence tags，EST)数据库的建立，芯片技术的产生以及拟南芥、水稻、玉米和其他农作物的广泛的突变体的收集、分子标记和大量的重组近交系资源。现在有很多使用基因组学的研究方法用以补充标准的正向或反向遗传学(reverse genetics)研究途径。EcoTILLING、基因芯片定位和结合映射均为能够辅助鉴定可导致优良性状的基因和等位基因的方法。然后，通过使用分子标记、连锁作图和关联分析对优良性状的基因进行准确定位，结合图位克隆技术锁定目标基因位点，可加速所期望的等位基因向优良种质的快速渗透。

获得一个物种的全基因组信息，对深入认识某些特异性状的遗传机制从而进行深度开发利用具有重要意义。然而，在地球上现有的 30 多万种高等植物中，目前已知全基因组序列的仅有一种双子叶植物拟南芥和一种单子叶植物水稻，只是众多物种世界中 1 到 2 个代表而已，物种全基因组信息是弥足珍贵的稀缺资源。但是，对于今后生物科学和农业生产来讲，仅有的一两个物种全基因组信息是远远不够的，还需要了解更多物种的全基因组序列。基于此目的，科学家针对一些重要的农作物，启动了基因组测序计划，其中包括玉米、大豆、番茄和马铃薯等。

2. 气象数据

气象与农业生产关系密切。我国长江中下游地区，有一条流传许久的农谚——"寸麦不怕水，尺麦怕寸水"。这是对小麦生产与雨水关系的总结。如何有效地利用气象数据来搞好生产，是现代农业发展的一个重要方面。为了发展现代农业和提高农业发展效益，解决现有农业生产中存在的各种供求矛盾，2014 年我国提出了"智慧农业"这一新概念。

智慧农业就是将物联网技术运用到传统农业中去，运用传感器和软件通过移动平台或者电脑平台对农业生产进行控制，使传统农业更具有"智慧"。可以根据气候变化，通过温室设备调节光照强度、温度、水分和湿度，让农作物生长得更好、更快。除了精准感知、控制与决策管理外，从广泛意义上讲，智慧农业还包括农业电子商务、食品溯源防伪、农业休闲旅游、农业信息服务等方面的内容。智慧农业是农业生产的高级阶段，是集新兴的互联网、移动互联网、云计算和物联网技术为一体，依托部署在农业生产现场的各种传感节点和无线通信网络实现农业生产环境的智能感知、智能预警、智能决策、智能分析、专家在线指导，为农业生产提供精准化种植、可视化管理、智能化决策。智慧农业与现代生物技术、种植技术等高新技术融合于一体，对建设世界级水平农业具有重要意义。

我国智慧农业还处于起步阶段，与西方发达国家相比，还有很大差距。荷兰的设施蔬菜平均年产量能达到每亩[①]5万公斤，是我国设施蔬菜产量的3～4倍。人力成本上，设施农业可以让人均管理面积大幅度增加，我国的设施蔬菜还是以人力为主，人均管理面积仅相当于日本的1/5，西欧的1/50，美国的1/300。要提高我国农业生产效率，设施农业还有巨大的发展潜力。

气象科学在飞速发展，从微观气象研究走向宏观气象研究，再从宏观气象研究指导和影响微观气象研究，从目前气象情况的研究推断未来气象发展趋势，从长远的气象走势分析出发确定今后的政策及行动，多种类型多种形式的气象科研成果大批涌现。近年来，中国气象局根据我国农作物区域性种植特点推出了很多针对性较强的气象信息服务产品，如全国"三夏"期间天气形势预测预报，全国小麦收获期间天气形势预测预报，全国早稻(或晚稻)收获期间天气形势预测预报，其中有旬报、月报、季度报、年报等。目前，可以说，依靠传统的农耕文明积累下来的气象知识和传统技术提供的气象预测预报信息依然重要，利用现代气象科学知识和先进技术手段提供的预测预报信息更加重要，从解决即时、实时气象信息服务为主转变到既解决即时、实时气象信息服务也注重针对不同农作物不同时期提供气象信息服务和提供短、中、长期气象信息服务。现代气象科学知识和先进技术手段提供的预测预报信息相对较为准确，伴随着越来越多的气象情况被认识，越来越多的气象规律被揭示，人类逐步获得了越来越多的主动权和能力，昔日不可捉摸的气象变得可以捉摸，可以捉摸的时间跨度越来越大、区域越来越大，并且可以越来越好地做到防灾减灾和利用自然力，如可以有效开展人工改变局部地区防雹、降雨、驱雨，利用风力发电、潮汐发电等。

地球上有了人类、有了农业之后，刮风、下雨、干旱、大雪等大气情况与人类及农业客观上发生着密切的关系，在长时间的农业实践中，人类也积累了许多农业气象方面的常识或知识，发现了气象与农业生产有密切的关系。因此，人类有了利用这些常识或知识的主观愿望和行动，经过长时间的积累和努力，将这些

---

① 1亩≈666.7平方米(m^2)。

经验或知识总结成了理论，形成了农业气象学学科。随着农业实践日新月异的发展，许多新的科学技术已经应用于气象预测、农业生产和田间管理，从而使气象学和农学的研究及应用达到了相当高的水平，而农业气象学则是把气象学和农学两门学科有机地结合起来，其研究成果可以更好地应用于农业生产。现在，无论是在国内还是在国际上，农业气象学都已经进入了一个比较高级的发展阶段，气象与农业的关系已经发生了某种质的飞跃，所以有人将基于气象数据分析进行农业生产管理的过程称为"气象农业"，这种对农业的新称谓是完全可以接受的，也是对现代农业的一种较为合理和客观的解释。气象农业赋予了农业新的内涵，使农业更有科技含量，今后从事农业的人员将不再是传统意义上的农民，而是有较高科学素养和具有数据分析与运用能力的职业农业人员。今后，农业不再是不体面的行业，而将成为高科技施展技能和智慧的舞台。

3. 地理信息

20 世纪 80 年代中期，我国开始将地理信息系统(geographic information system，GIS)用于农业，从最初的国土资源决策管理、农业资源信息管理、区域农业规划到现在的农作物估产研究、区域农业可持续发展研究、农业生态环境监测、农业生产潜力研究、精确农业等方面。农业资源是人们从事农业生产或农业经济活动所利用的各种物质与能量。

农业土地适宜性评价是通过对农用土地自然属性的综合鉴定，将农用土地按质量差异分级，以阐明在一定科学技术水平下，农用土地在各种利用方式中的优劣及对农作物的相对适宜程度，是农业土地利用决策的一项重要基础性工作。利用 GIS 进行土壤适宜性评价就是将土壤类型、质地、有机质含量、氮磷钾含量等土地空间和属性数据进行整合，依据各个因素对作物生长的重要性赋予权重，在地理信息系统中分析，生成土壤适宜性评价图，也可根据实际情况建立数学模型，进行农业土地适宜性的单因素评价和多因素综合评价，实现土地适宜性的分级。

农业地理信息系统应用全球定位系统(global positioning system，GPS)技术、GIS 技术、遥感(remote sensing，RS)技术、网络技术、数据库技术、数据挖掘技术以及空间决策支持技术，对区域内各种异源异构异时的相关农业资源数据进行统一的整合，并与其他网络平台如电子商务、数字政府等连接，形成了一个上至农业决策、农田规划，下至田块生产管理的智能决策支持网络系统。GIS 在农业生态环境研究中应用广泛，主要有环境监测、生态环境质量评价与环境影响评价、环境预测规划与生态管理以及面源污染防治等。依据 GIS 的模型功能，结合环境监测日常工作需求，建立农业生态环境模型，为决策和管理提供依据；用 GIS 作为支持系统可使环境质量评价结果更加科学；利用 RS、GIS 和计算机等技术对重大农业灾害进行综合测评，为政府和有关机构提供及时有效、准确可靠的决策信息，为农业生产和农村经济稳定发展提供有力保证。通过 GIS 对某一区域历史数据的演变分析，对区域内灾害发生的基本规律、时空分布、危害程度等进行综合评价和模拟，并对灾害发展趋势进行预测，为防灾、减灾提供分析对策。

农作物估产和监测对国家及时了解农作物产量，制定粮食进出口政策和价格至关重要。科学、准确地估产，提供数字化、图像化的农情，对政府进行科学、正确的决策具有重要意义。目前，由 RS、GIS、GPS 现代信息传输技术结合构成的"3S"技术体系已被许多国家用来进行农情监测分析。我国农作物遥感估产现已发展到小麦、水稻、玉米和牧草等作物。

4. 农业资源信息

农业资源是国家发展的根基，是人民生存的基础。农业资源具有空间分布、空间相关性等特点，利用三维 GIS 的多维信息表达、处理和分析等功能，可为农业资源管理与决策提供强有力的支持。以三维 GIS 技术为核心的农业资源信息一体化已经成为现代农业的目标之一，迫切需要一整套理论成熟的技术来实现具体应用。农业资源调查就是针对农业资源的属性进行清查，GIS 建立这些属性的空间和统计数据库，信息来源于土壤图、气候图、各种统计报表等。GIS 将图形与数据库有机结合，可实现农业资源档案的计算机一体化，为农业资源自动化管理服务。利用 GIS 进行农业区划，可以将现在的自然资源、社会经济数据库与 GIS 结合，快速形成各种农业区划统计图件。

农业信息资源有广义和狭义之分。狭义的农业资源包括水、土地、气候、生物等影响农业生产发展的自然资源。广义的农业资源不仅包括上述农业自然资源，还包括资本、劳动和技术等农业经济技术资源。农业信息资源是农业自然资源和农业经济技术资源的信息化。从内容上看，农业信息资源至少应该包括反映农业生产所必需的自然资源信息和社会经济信息两大类，前者包括气候和天气信息、土壤信息、水分信息、作物生长及病虫害信息等自然方面的内容，为农业生产提供资源环境方面的信息支持，为农业精确发展提供了可能性；后者包括农业产品市场信息、资本信息、技术信息、法规政策、管理信息以及科研教育等，为农业生产提供必要的社会经济信息支持，是农业精确化由可能性变为现实性的必要保障。从形式上看，农业信息包括互联网络信息、图书报刊信息、广播电视媒体信息以及其他信息。随着计算机信息技术在农业生产上的成功运用，各类农业网站纷纷建立，从而逐步实现各类农业信息资源的共享和交流。从服务上看，农业信息资源包括与农业信息生产、采集、处理、传播、提供和利用有关的各种资源，如农业信息技术与信息机械、农业信息机构与系统、农业信息产品的服务等等。

1.2　人类基因组计划

选择人类的基因组进行研究是因为研究者认为人类是在"进化"历程上最高级、最成功的生物，除了人类以外，还没有其他物种能够担此重任。一些灵长类的物种，如猩猩，有一些高级的思维活动，但仍然无法与人类相比。因此，在科学舞台上，人类才是主角。对人类的研究有助于认识自身、掌握生老病死规律、疾病的诊断和治疗、了解生命的起源，其意义和重要性不言而喻。像基因组计划的践行者，美国 Celera Genomics 公司的约翰·C. 文特尔（John C. Venter），已经掌握了窥视潜藏在人类细胞中基因组信息的技能，并试图解码"生命天书"。这位越战老兵还扮演起了上帝的角色，在去核的细菌中植入人工基因组来控制其生长，植入人造基因组的细菌称为人造生命。

人类疾病相关的基因就隐藏在这部"天书"之中，至于位于哪一章、哪一节、哪一页，则需要有好奇心的读者去认真翻阅，但不是任何读者都能将其找出来，还必须具备翻译基因组语言的技能。但翻译基因组语言的难度超越了现在人类使用的所有语言。人类基因组中存在许多被认为没有生物学意义的垃圾序列，但也存在结构和功能完整性至关重要的信息。这些重要的信息对于认识人类复杂性状遗传疾病不可缺少，可以帮助我们从基因层面上揭示人类复杂性状遗传疾病的发生机理。采用"定位克隆"和"定位候选克隆"的全新研究思路，人们相继发现了导致亨廷顿舞蹈症（Huntington chorea）、遗传性结肠癌和乳腺癌等遗传性疾病的致病基因，为这些遗传性疾病的基因诊断和基因治疗奠定了科学基础。人类有对自身健康的知情权，了解是否携带家族遗传病基因或具有患某种疾病的风险。如家族中有多位长辈患有亨廷顿舞蹈症，这个家族的成员很可能也会受到遗传的影响。通过基因检测，人们可以了解自身是否携带有亨廷顿舞蹈症基因，为自己今后的生活和家庭早做规划，减少遗传疾病在家庭中的发生。

像亨廷顿舞蹈症这类遗传性疾病，其分子基础较为简单，由单个基因的突变引起。对于心血管疾病、肿瘤、糖尿病、神经精神类疾病（老年性痴呆、精神分裂症）、自身免疫性疾病等多基因复杂性状疾病，其致病机理研究相对于单基因疾病难度更大，也是遗传性疾病研究的重点。人类基因组计划并不会因为人类基因组草图的公布而止步，这是因为与人类健康相关的研究都是该计划的重要组成部分。因此，在 1997 年科学家又相继提出了"肿瘤基因组解剖计划"和"环境基因组学计划"，这两个计划的实施，将进一步扩大人类基因组计划的影响力。总之，基因组计划的实施是一件大好事，我们可以从中受益，使我们今后的生活更加美好、身体更加健康。

值得关注的是，在人类基因组研究领域，出现了一些私营公司为其成果申请专利的现象。Celera Genomics 公司曾表示，想把一部分研究成果申请专利，有偿提供给制药公司。Celera Genomics 公司在其人类基因组计划刚开始时宣称只寻求对 200 至 300 个基因的专利权保护，但随后又修改为寻求对"完全鉴定的重要结构"的总共 100 至 300 个靶基因进行知识产权保护。1999 年，Celera Genomics 公司申请对 6500 个完整或部分人类基因进行初步专利保护，批评者认为这将阻碍遗传学研究。此外，Celera Genomics 公司建立之初，同意与国际计划分享数据，但后来 Celera Genomics 公司却拒绝公开其测序数据。虽然 Celera Genomics 公司承诺根据 1996 年百慕大协定每季度发表他们的最新进展，但他们不允许他人自由发布或无偿使用其数据。人体基因组图谱是全人类的财产，研究成果理应为全人类所分享、造福全人类，这也是各国科学家的共识。

2000 年，在人类基因组计划即将完成之际，时任美国总统的克林顿宣布所有人类基因组数据不允许申请专利保护，且必须对所有研究者公开。对于 Celera Genomics 公司来讲，这犹如投了一枚重磅炸弹，这意味着 Celera Genomics 公司用于人类基因组测序的投资无法从中获得收益。受这一消息影响，Celera Genomics 公司股票价格一路下挫，并引发连锁反应，纳斯达克指数受到重挫；两天内，生物技术板块的市值损失约 500 亿美元。Celera Genomics 公司在股票市场上逐渐失宠，文特尔只好选择离开自己曾参与创建的这家公司。Celera Genomics 公司当初之所以想申请专利，无疑是看中了基因组数据的重要价值，这也说明了大数据对于企业是十分重要的资源，决定了企业的未来和发展。

1.2.1　DNA 双螺旋的魔力

1953 年，由詹姆斯·沃森(James Watson)和弗朗西斯·克里克(Francis Crick)提出的 DNA 双螺旋结构模型开启了生物学的新时代——分子生物学时代(图 1-1)。在以后的近 50 年里，分子遗传学、分子免疫学、细胞生物学等新学科如雨后春笋般涌现，DNA 重组技术更是为利用生物工程手段的研究和应用开辟了广阔的前景。而推动生命科学高速发展的核心要素——DNA 双螺旋结构的发现，最初也是从数据分析开始的，对于沃森和克里克这两个年轻人来讲，他们没有对 DNA 开展研究的实验条件，但同行的实验研究数据在他们手里得到了充分的利用，使得这两位年轻学者超越了同时代的竞争者。

詹姆斯·沃森 1928 年出生于美国芝加哥，最初在芝加哥大学修动物学，但他真正感兴趣的却是探索遗传物质的真相。为此，他前往北欧最大城市——丹麦哥本哈根求学，后来到英国剑桥大学的卡文迪什实验室从事研究。在卡文迪什实验室，他遇到了英国人弗朗西斯·克里克，两人合作开始于 1953 年在《自然》杂志上发表了 DNA 双螺旋结构模型的短篇文章，虽然只有 1000 字左右，但其意义重大。他们所建构的 DNA 双螺旋结构模型被认为是至今为止科学上最伟大的发现之一，其意义不亚于阿基米德在浴缸里发现的浮力定律以及牛顿在苹果树下悟出的万有引力定律，1962年诺贝尔生理学或医学奖颁给了沃森、克里克和威尔金斯三人。20世纪90年代，沃森成为第一个主持人类基因组研究的首席科学家。

图1-1　DNA双螺旋结构的发现者沃森和克里克

让沃森转向DNA结构研究源于量子物理学家埃尔温·薛定谔(Erwin Schrödinger)所写的《生命是什么》一书。这本书使他对控制生命奥秘的基因和染色体产生了强烈兴趣，决定探索潜藏于染色体上的遗传物质的本质。而物理学家埃尔温·薛定谔本人却没这么幸运，由于执着于在量子物理中去寻找生命的奥秘，这位天才物理学家走进了死胡同，最后没能找到生命的奥秘所在。因为在量子世界里，根本就没有生命存在，薛定谔迷失在自己设计的迷宫里。

弗朗西斯·克里克1916年出生于美丽而宁静的千年小镇——北安普敦，小时酷爱物理学。1934年他进入伦敦大学物理系学习，大学毕业后随即攻读博士学位。然而，第二次世界大战爆发使他中断了学业，在海军服役并从事鱼雷研究。战争结束后，31岁的克里克事业上仍一事无成。1950年，他进入剑桥大学物理系攻读研究生，想在著名的卡文迪什实验室研究基本粒子。这时，克里克读到著名物理学家薛定谔所写的书——《生命是什么》，书中预言一个生物学研究的新纪元即将开始，并指出生物问题最终要靠物理学和化学去说明，而且很可能从生物学研究中发现新的物理学定律。克里克深信自己的物理学知识有助于生物学的研究，但化学知识缺乏，于是开始发愤攻读有机化学、X射线衍射理论和技术，以弥补知识上的不足。1951年，23岁的沃森来到卡文迪什实验室，克里克同他开始了对DNA分子结构的合作研究。

两位思想活跃的年轻人走到了一起，共同的兴趣和志向在揭示DNA结构和功能方面可谓是完美组合。DNA结构之谜深深吸引了年轻的沃森和克里克，解开

DNA 结构之谜也是两人执着追求的目标，一直到他们真正了解到 DNA 的双螺旋结构。但更大的谜团还在后面，这就是由 DNA 双螺旋组成的庞大基因组，虽然我们现在可以对物种进行全基因组测序，但这并不意味着人类就完全能够读懂 DNA 双螺旋中的基因语言，要揭开这一谜团，人类还要经历更长久的科学探索。

沃森和克里克的成功，很大程度上与他们善于收集和打听信息的性格有关。对他们构建 DNA 模型帮助最大的，一是由富兰克林研究得到的 DNA 的 X 射线衍射图，另一个是夏格夫在 DNA 碱基比例方面的研究。还有一个重要的信息是当时在科学界享有很高声誉的化学家鲍林推出的蛋白质螺旋结构的构想。沃森联想起 DNA 可能也是具有类似的螺旋结构，并和克里克在实验室用金属丝和球构建出了最初的 DNA 结构模型——一种双螺旋式的结构，螺旋内部是配对的嘌呤和嘧啶碱基，通过氢键相互牢固地结合在一起，就如一个螺旋阶梯的横板。沃森和克里克构建的这个模型最终被确定为正确的，而同时研究 DNA 结构模型的鲍林却犯了一个大的错误，他忽略了其他同行的研究结果，从而误认为 DNA 是由三股螺旋组成。因此，可以认为正是吸收了同行在 DNA 方面重要的研究信息，这两位年轻人才推断出了 DNA 的双螺旋结构，而资历很深的化学家鲍林却没有成功。由此看来，在科学研究上是不分资历深浅的，重要的是要谦逊好学，积极接收同行的成果。正如牛顿所言，站在巨人的肩膀上才能看得更高更远。

1.2.2 解码"生命天书"

人类基因组研究的目的不只是为了读出全部的 DNA 序列，更重要的是读懂每个基因的功能，从根本上认识生命的起源、种间、个体间的差异的原因，疾病产生的机制以及长寿、衰老等困扰着人类的最基本的生命现象。

2003 年 4 月 14 日，经由 6 国科学家历时 13 年努力的人类基因组计划的测序工作宣告完成。科学家们宣布绘制完成了人类基因序列图，获得了人体基因遗传密码的"生命天书"。但是拿到"生命天书"并不意味着掌握了生命的奥秘，如何解码"天书"还需要做很多工作。人类基因组测序工作的完成只是解码"生命天书"的开始。

将基因组看成是生命的蓝图，基因编码类似于计算机程序，读懂"生命天书"，就可以预知人的命运。在亨廷顿舞蹈症的预测中，基因检测的准确性是非常可靠的。亨廷顿舞蹈症是一种神经系统的退行性病变，1872 年由美国医生亨廷顿 (Huntington) 首次报道，是常染色体显性遗传性疾病，其中大多数患者要到中年以后才表现出临床症状，其主要表现为进行性运动异常，如扮鬼脸、伸舌、努嘴、手足抽搐、肢体扭动、指划样运动、手舞足蹈，行走时呈跳跃样步态等。亨廷顿舞蹈症的致病基因 *Htt* (Huntingtin) 编码 Htt 蛋白 (Huntingtin protein)，在它的第一个外显子中，包含了重复的 CAG 三联密码子。在亨廷顿舞蹈症中，这个三联密码子的重复次数会出现异常增加，拥有多于 36 次 CAG 重复三联子的个体会患病。但如果重复次数为 36～39 个，则全外显性较低，三联子重复次数不稳定，在遗传到下一代时次数可发生改变。当后代的三核苷酸编码 CAG 重复拷贝数超过 36 次时，在将来患亨廷顿舞蹈症的可能性很大。其发病年龄与 CAG 的重复次数有关，重复次数越大，发病年龄就越提前。

CAG 的高倍重复为什么就可以引起疾病的发生？这要从分子机制方面去寻找答案。CAG 编码的谷氨酰胺在正常的 Htt 蛋白中有 10～25 个重复，如果有 36 个以上的谷氨酰胺序列时，携带者将面临很大的风险，因为过多的谷氨酰胺重复将导致蛋白质形状改变，容易形成蛋白质聚合体，在神经元内形成淀粉样的丛群引起大脑纹状体细胞死亡。人们认为，多聚谷氨酰胺链形成的超分子结构毒害了神经元，在阿尔茨海默病和帕金森病中存在类似现象。2003 年，华盛顿大学 Rohit Pappu 教授的研究团队发现，正常 Htt 蛋白的多聚谷氨酰胺链 N 端侧翼链能加速良性的有序结构形成，其 C 端侧翼链能延缓毒性蛋白结构形成，这些天然序列起到了门卫的作用。但过多的谷氨酰胺重复对于神经细胞是有害的，将导致特有的协调力丧失和痴呆症。

在大脑中表达的变异 Htt 蛋白不仅促使该蛋白的异常功能增加，而且导致其正常功能的丧失。另外，CAG 的异常重复可以影响分子间相互作用，导致细胞内蛋白运输紊乱。更要命的是，Htt 蛋白变异不仅打乱线粒体功能相关蛋白的基因调节，而且还和线粒体膜表面蛋白反应，损伤呼吸链功能，妨碍线粒体固定到微管，影响线粒体动态融合与分裂并使钙传输增加。Htt 变异蛋白也可抑制自噬功能，促进凋亡，改变神经营养供能及细胞胞浆内的生物和信号合成。CAG 重复过多导致人的行为变化，患者不停地手舞足蹈让人联想起巫师的形象，这也导致了一场悲剧的发生，在美国两名女性亨廷顿舞蹈症患者被误认为是女巫而被处死。

后基因组时代，蛋白质成了研究焦点。进行蛋白质组研究，成为读懂"生命天书"的重要途径之一。蛋白质组研究的重要特征是更大规模生物学数据的产出，如何解读数据、挖掘数据背后的生物学意义成为研究的基础与前提。蛋白质组学不是按照传统的方式孤立地研究单个蛋白质分子的功能，而是研究蛋白质整体在复杂的细胞环境中的表达和变化模式，这是对传统的蛋白质研究方法的超越和观念上的转变。蛋白质组学旨在列出全部蛋白质的细目，弄清每一个蛋白质的结构和功能及蛋白质群体内的相互作用，对比在疾病和健康状态下它们的表达水平的变化，寻找疾病发生发展的规律。蛋白质组学在基因组学基础上发展起来，很多研究方法都借鉴了基因组学这位"前辈"的经验，继承了它的秉性。然而，基因组是一维的、相对稳定的，而蛋白质组是多维的、动态的，这就意味着，蛋白质组学的数据更复杂，数据规模更大，它的复杂程度至少比基因组研究高出 3 到 4 个数量级。如果将基因组学研究比喻成在陆地上徒步行走，那么蛋白质组学的研究就是在登山或在丛林中探险，其难度和深度都是基因组学研究无法相比的。尽管基因组学取得了许多令人惊喜的成就，但对于从事蛋白质组学研究的科学家来讲，这只是一种心理安慰，对他们的研究帮助不会很大。要完成蛋白质组学的研究，必须建立独特的研究思路，设计合理的实验方案，这是必须牢记的准则。

蛋白质组学在后基因组时代得到了广泛的重视和关注，其成长非常迅速，令人喜悦，但蛋白质组学仍然处于"年少时期"，基础还不牢固，各方面也不成熟，还需要更多的发展和巩固。其中一个表现为，蛋白质组学研究没有统一的标准，它所产生的大量数据的质量是参差不齐的，特别是对于蛋白质结构的研究，目前还没有十分理想的软件可以准确地预测其模样，其结果的可靠性不太令人满意，这给生物信息学研究团队留下了一摊子的问题。

面对大规模、高通量的复杂数据，找准核心环节的重要问题开展研究，是提高效率、领先于人的关键。对这些数据进行有效管理和"瘦身"，就是生物信息学这一新兴交叉学科出现和存在的最初原因。生物信息学的优势就体现在多学科的交叉融合，赋予了生物信息学超常的分析能力，使其成为基因组学时代不可缺少的工具。

基因组数据对生命科学和医学而言无疑是十分宝贵的资源，但如何探测、发掘这些资源，是生物医学研究者以及交叉学科的学者要探讨的问题。基因组中有大量的重复序列、无功能的基因拷贝，这些序列会占据基因组很大比例的空间，而具有价值的部分占比很小，因此，需要过滤掉没有多大价值的数据，利用数据筛将编码序列和功能基因挑选出来，数据挖掘工作的任务十分巨大。通过数据挖掘将基因组数据变成有价值的信息，帮助人们更好地管理自己的生命旅程，了解生老病死的内幕操纵者。著名影星安吉丽娜·朱莉就是依靠基因分析技术得知自己患乳癌风险较高而提前做了切乳腺手术，其目的就是避免因患乳癌而死亡的风险，因为在安吉丽娜·朱莉家族中的女性长辈中已有先例。

事实上以前人们觉得人类基因组计划完成就算是破译了生命的密码，后来发现知道基因组只是万里长征第一步。由于基因组中存在大量的非编码序列"暗物质"，所以后来又衍生出了"DNA 元件百科全书"（Encyclopedia of DNA Elements，ENCODE）计划。ENCODE 之后又提出了"表观基因组计划"。各种计划层出不穷，然而对于生命活动的很多现象目前还难以解释。总而言之，生命是一个复杂、难懂的课题，是纪元以来 2000 多年都还没有完全弄清楚的问题。

不同的人群对"解码"一词的理解深度有很大差异，这与每个人的文化背景密切相关。从事测序装备研究的人，其接受的教育偏重于机械构造和自动控制领域的知识，可能会认为"解码"就是读取 DNA 数据。最近就有关于"基因解码器"的报道，一种由美国 454 生命科学公司开发出来的桌面型仪器，乔纳森·M. 罗思伯格（Jonathan M. Rothberg）博士开发出的这种桌面基因解码器，可能引发一场囊括多个领域的革命，包括医学、食品、能源以及消费品等行业，进而改变人类的生活。这种装置右侧是 8 英寸①触摸屏，左侧是可供 iPhone 下载数据的凹槽，机器下部有四个试管，分别标志着圆圈、X、正方形以及加号，代表 DNA 的四种碱基，分别是鸟嘌呤、胞嘧啶、腺嘌呤以及胸腺嘧啶。机器名为"个人基因组测序机"，是世界上最小、最廉价的 DNA 解码器。这款机器可以放在桌面上，售价只有 5 万美元，它只需两个小时，就能精确解读 1000 万个遗传密码。用户可以从网上购买这种仪器，安置在自家的厨房里，然后用棉签蘸取一下口腔表皮细胞，作为样本测定自己体内的基因组。这种机器可以在很短的时间内读完基因组全部的序列，但对于用户而言，这些序列代表什么含义？从这个层面上讲，这个所谓的"基因解码器"就只是一台测序仪。接下来需要做的事情就是将解码器读取的数据下载到 iPhone 手机上，通过手机上的软件将序列提交到共享基因组数据库如 GenBANK 进行比对，查找类似的序列。通过数据库提供的基因功能注释了解提交的基因序列所具有的功能。但还必须认真地查看提交的序列与数据库中的序列是否存在碱基差异，如果有差异，这种差异有的不会引起严重的生物学后果，但有时就是一个碱基的差别也是致命的。从这个层面上讲，"基因解码"一词就是要读懂序列数据的含义，明白碱基序列所代表的基因功能。这对于从事医学或生命科学研究的人来讲，对"基因解码"的理解就是将序列数据与疾病或功能联系起来。

对"生命天书"的解码除了预防遗传性疾病和制定个性化治疗方案之外，还可以了解人类自身的起源。这个问题一直困惑着许多人，并因此发生了持久的争论。从宗教神学中的上帝造人，到达尔文的进化论中提出的人类起源理论，人类在认识自己来自何物、何处已经有了长足的进步，毫无疑问都是科学进步的伟大胜利。在人类基因组计划这一新的科学进步的推动下，许多研究者开始重新审视人类起源这一问题。基因组测序是最有力的工具之一，无论关于人类起源的假说有多大的合理性，都需要确实的证据来为这些假说增加可信度。好在人们对新技术的接受度超强，很快就有利用测序技术发表成果的学者。"线粒体夏娃"就是基于线粒体 DNA 测序获得的"划时代"成就。美国遗传学家丽贝卡·卡姆(Rebecca Cam)于 1982 年在其博士论文中发表了对线粒体 DNA 的研究，这促成了与其导师联合发表的《线粒体 DNA 和人类进化》(*Mitochondrial DNA and Human Evolution*)一文的问世，他们发现的线粒体夏娃来自非洲，其年代不超过 20 万年。另一个成就是由英国遗传学家布赖恩·赛克斯(Bryan Sykes)完成的，其著作《夏娃的七个女儿》(*The Seven Daughters of Eve*)详细描述了利用测序技术对古人类的 DNA 进行的研究，并从中寻找到人类起源的一些重要线索，研究对于揭开人类之秘提供了很好的资料。

---

① 1 英寸(in)＝2.54 厘米(cm)。

1.3 大数据对生命科学的影响

大数据研究的一个重要发展趋势就是由假设驱动向数据驱动的转变,假设驱动的最大弱点就是建立在理论前提之下,缺少数据支撑和验证,会误导研究者走向歧途。而数据驱动的优势在于可靠性强,有数据作为支撑。具体到生物医学大数据而言,数十年来分子生物学水平上的实验目的是获得结论或者是提出一种新的假设,而现在基于海量生物医学大数据,可以通过对海量数据的研究来探索其中的规律,直接提出假设或得出可靠的结论。生物医学大数据具有"三高"(3H)特点,即高维(high dimension)、高度复杂性(high complexity)和高度不确定性(high uncertainty),这就决定了生物医学大数据将会是一把双刃剑。在大数据高速积累的同时,数据的差异性将会形成数据整合方面的瓶颈,如何突破这道瓶颈,则是在利用大数据之前必须解决的难题。但是一旦突破此一系列瓶颈,在大数据中蕴含的深刻生物学规律将会极大地促进对于人体健康的了解。在大数据的海洋中,数据挖掘也许会承担假设萌芽的一个辅助角色,研究人员提出的假设也许是呈现出颠覆传统的奇葩内容。对大数据进行分析,能获得真知灼见和大量假设,但大数据世界同样夹杂着"偶然性"。

大数据对生命科学的影响,可以人类基因组计划为例子来说明。21世纪以来,随着高通量 DNA 测序技术的发展和应用,生命科学领域的数据量正在极速增长。人类基因组计划的重要作用首先体现在医学领域,它的伟大意义不仅仅是引导医学的一次重大革命,将人类感知生命的里程提高到分子水平阶段,更为重要的是它将给人类的生存能力和寿命、生活质量带来突飞猛进的提高。人类基因组图谱的确定将大大加速人们对疾病基因的鉴定。

人类基因组计划的主要研究内容是对人类基因组的 30 亿个碱基对进行测序,构建不同层次的四种图谱,即遗传图谱、物理图谱、序列图谱和基因图谱。此外还有测序技术、人类基因组序列变异、功能基因组技术、比较基因组学、社会、法律、伦理研究、生物信息学、计算生物学和教育培训等内容。人类基因组计划这项伟大的科学工程,不但加强了世界各国的科技合作,而且促进了测序技术向新颖、快速、精准、价廉的方向发展,加快了生物医学的研究和发展,个人基因组测序也会因此而逐渐变成现实。与人类基因组信息有关的个人权利、隐私等相关研究也推动了社会科学、法律以及伦理学研究,同时,生物信息学也促进计算机科学在该领域的研究,数据统计算法以及数据挖掘的软件层出不穷。人类基因组计划就像一粒播入科学土壤中的种子,在吸收了各相关领域提供的养分之后,萌芽并逐渐长成了一棵参天大树,现在这棵大树已经结满了果实。

人类基因组计划将促进生命科学的发展。该研究计划的实施将极大地促进生命科学领域一系列基础研究的进步,有助于阐明基因的结构与功能关系,细胞的发育、生长、分化的分子机理,疾病发生的机理等。人类基因组的研究将使人们发现许多新的人类基因和蛋白质,揭示人类性状上的差异,如肤色、发色、眼睛颜色、鼻梁高低及人类对药物敏感性的差异等。人类基因组的研究有利于生物进化的研究,如果知道了人类和其他生物基因的全序列,就可以追溯人类基因的起源。

人类基因组的研究将促进生命科学与信息科学相结合,刺激相关学科的发展。生物信息学和计算生物学就是在人类基因组计划带动下产生的新兴学科。人类基因组计划改变了生物医学研究中关于数据分享的既有规范。一旦大量的基因组作图和测序数据开始产生,为缩短数据产生与发布之间相隔时间而建立相关政策的势头很快便发展起来。这些努力促成了1996年"百慕大原则"的采用。当时,参与此项目的各国科学家同意在超过一定规模的基因组序列集产生的24小时内将其提交至一个公开数据库。全球共有、国际合作、及时公布、免费共享的"百慕大原则",充分体现了"人类基因组计划"的精神。2003年,参与人类基因组计划的科学家们在美国佛罗里达州布罗沃德县的劳德代尔堡签署了协议,对"百慕大原则"进行了延伸。2008年,美国国立卫生研究院(National Institutes of Health,NIH)扩展了其数据分享的期望,将全基因组关联研究(genome-wide association study,GWAS)包括进来。2014年,基因组数据共享采用了延伸后的"百慕大原则",并要求利用NIH资助产生或分析出来的几乎所有大规模基因组数据都要共享。

20世纪90年代早期并没有人预见到人类基因组计划的主要收获是新型的科研模式。这种国际合作的科学研究模式将改变人类对科学研究的理念和认识,摆脱国家之间利益竞争的阴影,达成共同进步、成果共享的发展模式,这是人类历史上不曾有过的新局面,也标志着人类发展到了一个新的起点。人类基因组计划的故事是一份珍贵的备忘录,提醒我们该工程的成就从根本上引发了研究方式的变革,同时也提醒我们,接受和欢迎这些变革是多么重要。

当今从事生命科学和医学研究的学者,他们可能会见证或亲身参与阐明数千种疾病的分子机制、癌症诊断与治疗的革命、蛋白质组学的进步、代谢组学与相互作用组学的发现、微生物元基因组学的成熟、个人基因组测序的发展、干细胞治疗的常规化应用以及其他令人叹为观止的生物医学成就。

1.3.1 生物信息学的概念

从物种和群体的相互影响,到生物体内组织和细胞的功能研究,都是生物学研究的内容。一般认为生物学是对有生命的事物所进行的研究。在此研究过程中,生物学家首先要收集资料,然后对这些资料进行解释。21世纪,我们已经可以应用比较复杂的实验室技术进行课题的研究，因此收集实验资料的速度比对它进行解释的速度要快得多。比如我们拥有大量的 DNA 序列资料，但是，如何知道 DNA 的哪一部分控制生命的各种化学过程呢？我们了解一些蛋白质的结构和功能，但是如何确定一个新蛋白质的功能？如何根据蛋白质的序列信息预测它的形状？我们知道可将 DNA 翻译成蛋白质的简单密码，但是如何发现密码中新的代码并将它们加入"DNA 蛋白质字典"中去呢？

生物信息学是应用信息来理解生物学内涵的科学；我们可以用生物信息学来回答上述问题以及其他类似的问题。遗憾的是，由于对人类基因组图谱研究的大肆炒作，生物信息学的定义非常不统一，生物信息学一词的意义因使用者不同，使用的方式也五花八门。严格地说，生物信息学是广泛意义上的计算生物学的一门分支。生物信息学的范围很大程度上依赖于专家们在统计学方法和模式识别方面的工作。生物信息学的研究者来自许多领域，包括数学、计算机科学和语言学等领域。对于那些不能完全理解生物学数据的出处及其含义的人来说，在生物信息学的研究工作中寻找规律、进行预测非常困难。如果提供了算法、数据库、用户界面以及统计学工具，生物信息学有可能进行许多激动人心的工作，通过 DNA 序列比对分析，获得有潜在意义的结果。

使用生物信息学提供的分析工具，可以进一步解释数据并赋予其以前未知的含义，发现非常有价值的信息。一旦理解了生物信息学的内容并且能够很聪明地应用生物信息学系统，研究速度将会快得惊人。到那个时候，你可以说是一个具有良好信息分析能力的生物学工作者。生物信息学也正是为遗传学研究者量身订制的工具，这刚好印证了一本书的名字《遗传学工作者的生物信息学》。如果还没有掌握生物信息学的基本技能，在从事遗传学研究时将失去与同行竞争的优势，在最新的研究信息获取方面，生物信息学对遗传学研究者帮助很大。

1.3.2 生物信息学的诞生和发展

生物信息学就其萌生而言，是一门有"较长历史的学科"，早在计算机初创期的 1956 年就已在美国田纳西州的加特林堡市(Gatlinburg)召开过首次"生物学中的信息理论讨论会"，这次会议反映出人们在那个时候就已经意识到信息与生物学研究之间有一种密切的关系。而就其发展而言，它却是一门相当年轻的学科，因为继 20 多年的沉默之后，伴随着 20 世纪八九十年代计算机技术的迅猛发展，以及人类基因组计划数据分析处理的需要，生物信息学才得以快速发展。

"生物信息学"一词最早出现于 20 世纪 80 年代末期，由林华安博士提出。起初的"CompBio"意为计算机生物学，与当时佛罗里达州立大学超型计算机研究所支持主办的一系列生物信息学会议有关，后来的"bioinformatique"看起来有点古怪，具有法国风情。不久变成了"bio-informatics"，但该名称中的"-"符号常会引起电子邮件系统的许多问题,于是便有了今天的"bioinformatics"。

事实上,生物信息学的工作早在20世纪60年代就开始了,那时美国就建立了蛋白质数据库,只不过用的是手工方法收集数据。1979年美国Los Alamas国家实验室就已经建立起GenBank数据库。1982年欧洲分子生物学实验室就已经提供核酸序列数据库EMBL的服务。1984年日本也建立了核酸序列数据库DDBJ,并于1987年开始提供服务。目前绝大部分核酸和蛋白质数据由美国、欧洲和日本三家产生,以上三家共同组成了DDBJ、EMBL、GenBank核酸序列数据库,每天交换数据更新。其他如德国、法国、意大利、澳大利亚、瑞士、瑞典、丹麦、加拿大、以色列、南非等国家,也纷纷建立自己的生物信息中心。

从专业机构角度看,美国于1988年在参议员克劳德尔·佩珀(Claude Pepper)的倡议下成立了美国国家生物技术信息中心,依托于NIH的国家医学图书馆(National Library of Medicine, NLM),其目的是进行计算分子生物学的基础研究,构建和发布分子生物学数据库。欧洲于1993年3月就着手筹建欧洲生物信息研究所,1994年在英国剑桥南部的维康信托基因园挂牌成立。日本也于1995年4月组建了自己的信息生物学中心(Center for Information Biology, CIB),由日本国立遗传学研究所负责维护和管理。

从数据分析技术角度看,早在1962年,Zuckerkandl和Pauling就将序列变异分析与其演化关系联系起来,从而开辟了分子演化的崭新领域。1964年,Davies开创了蛋白质结构预测的研究,虽然从时间上来看,蛋白质结构的研究早于序列比对研究,但是由于其复杂性更大,加上蛋白质结构数据的欠缺,使其后期研究乏力。1970年,Needleman和Wunsch发表了广受重视的两序列比较算法,加上蛋白质和核酸序列数据的大量积累,序列比对算法的研究发展很快。1974年,Ratner首先运用理论方法对分子遗传调控系统进行处理分析。1975年,Pipas和McMahon首先提出运用计算机技术预测RNA二级结构。随着1976年之后大量生物学数据分析技术的涌现,《科学》期刊于1980年第209卷登载了关于计算分子生物学的综述,这标志着一个新学科的雏形逐渐呈现出来。1997年,若奥·塞图宝(João Setubal)和若奥·梅丹尼斯(João Medanis)合著出版了 *Introduction to Computational Molecular Biology*(该书中文版《计算分子生物学导论》2003年由科学出版社出版)。1998年,我国学者郭政、李霞等出版了《计算分子生物学与基因组信息学》。2000年,美国学者迈克尔·S.沃特曼(Michael S. Waterman)出版了 *Introduction to Computational Biology*(该书中文版《计算生物学导论——图谱、序列和基因组》2009年由科学出版社出版),新领域逐渐引起研究者的关注。

从专业出版物来看,1970年出现了 *Computer Methods and Programs in Biomedicine* 相关期刊;到了1985年4月,出现了 *Computer Application in the Biosciences*,这是第一种生物信息学专业期刊;现在,相关专业期刊已经较多了,包括书面期刊和网上期刊两种,如 *Bioinformatics、Acta Biotheoretica、Bioinformatics*

Technology & System、*Bioinform Newsletter*、*Briefings in Bioinformatics* 和 *Journal of Computational Biology* 等。

1996 年，北京大学加入欧洲分子生物学网络组织(European Molecular Biology Organization)，成为该组织的中国国家节点，并成立了生物信息中心，为生物、医学、制药、农业、环境等领域研究提供信息服务，并开展二次数据库构建、软件集成、基因组分析等研究。2000 年 3 月中国科学院上海生命科学研究院也成立了生物信息学中心。近年来，清华大学、中国科学院生物物理研究所、中国人民解放军军事医学科学院、中国科学院上海生命科学研究院、中国科学院生物化学与细胞生物学研究所、中国科学院微生物研究所、中国科学院遗传研究所人类基因组中心、中国医学科学院等相继开展了生物信息学研究，在一些院士和教授的带领下，取得了一定成就，如北京大学的生物信息学网站建设、中国科学院生物物理所的 EST 序列拼接以及基因组演化研究、天津大学对 DNA 序列的几何学分析研究等。

1.3.3 信息资源与生命科学研究

众所周知，计算机科学的飞速发展给人类生活带来了巨大的改变，信息时代的到来，为计算机用户和科学研究创造了良好的信息环境，通过因特网(Internet)访问各类数据库已成为科学研究者的常规手段，获得信息在日益发展的科学研究中显得越来越重要，同时随着科学研究的发展和新知识的发现，为因特网上的各种专业数据库提供了丰富的信息资源，而计算机以及信息科学技术的发展，以及各种信息处理软件的开发，为以信息资源环境为基础的科学研究提供了技术支持，同时促进了科学研究的深入和发展。

随着人类基因组计划的完成，世界各地的实验室产生了大量的分子生物学数据，并且随着基因克隆和 PCR 技术的产生，DNA 快速自动测序技术得到了迅速发展，因此，近几年来各类分子生物学数据基本上呈现出指数上升趋势。许多国家相继建立了分子生物学数据库，如核酸数据库 GenBank、EMBL 和 DDBJ，蛋白质数据库 PIR、MIPS、PDB、SWISS-PROT 等。

人类基因组计划和因特网的发展促进了生物信息学的诞生，生物信息学是分析处理生物分子信息、揭示生物分子信息内涵的一种技术，它以核酸、蛋白质等生物大分子数据为主要对象，以数学、信息学、计算机科学为主要手段，以计算机硬件、软件和计算机网络为主要工具，对浩如烟海的生物数据进行获取、存储、管理、注释、加工、分配和解释，从中提取具有生物学意义的信息，并通过对生物信息的查询搜索、比较、分析，从中获取基因编码、基因调控、核酸和蛋白质结构功能及其相互关系等理性知识，继而展开生物大分子结构模拟和药物设计工作。

目前，世界各国许多研究机构都建立了分子生物数据库，为在因特网上进行数据库查询(database query)和数据库搜索(database search)提供了信息环境，从现有的分子生物数据库来讲，主要分为核酸数据库和蛋白质数据库两大类，其中蛋白质数据库的种类更为复杂一些。同时根据数据的性质，还可分为一次数据库、复合数据库、二次数据库和三次数据库。特别是蛋白质结构数据库，由于 NMR 技术和 X 射线衍射技术测得的三维结构数据有限，因此，蛋白质结构分类数据库所能提供的信息有相当大的局限性。但是随着结构测定技术的发展，三维结构数据在今后会逐渐丰富起来。同时各类数据库提供了相应的搜索软件和分析软件，常用的搜索软件如 SRS 和 Entrez，分析软件种类繁多，如 BLAST、FASTA、GCG 软件包、ExPASy 蛋白质分析专家系统、ClustlW 以及 Staden 和 CINEMA 等。

人类基因组计划一方面提供了蛋白质和核酸的原始实验数据，促进了核酸和蛋白质一次数据库的建立，同时各国科学家为了进一步对一级数据进行生物学方面的分析研究，与计算机科学家合作开发出各种生物学分析软件，用于像系统发育树构建、同源性分析、结构与功能研究等，于是对信息进行加工处理构建了二次数据库和结构分类数据库等，这些数据库为世界各国的科学研究提供了有用的信息资源，很大程度上减少了使用一次数据库进行分析的复杂性。二次数据库及结构分类数据库的信息都是已经用相应的生物学软件进行了分析和分类，分子数据具有很强的规范性，可以直接用于进一步的科学研究。可以预见完善而丰富的生物信息资源将会对生命科学研究以及新药开发提供重要的支持和保障，对揭示疾病机理、制定新的治疗方法和进行分子生物学研究都至关重要。

在基因组时代来临之时，作为基因识别和解读遗传语言的"结构基因组学""功能基因组学"和"蛋白质组学"相继出现，探索蛋白质结构与功能关系的"结构分子生物学"受到青睐，以研究心理机制、精神疾病和神经计算机为主的"脑科学"方兴未艾，这些 21 世纪的带头学科均有赖于生物信息学的支撑和引导。21 世纪是生命科学的时代，亦是信息科学的时代。生物信息学是这两种科学的结合，它不仅可以促进生命科学的进步，亦可以推动信息科学的发展。尽管生物信息学还处于初级阶段，需要不断成熟和完备，但是它对人类的影响和价值是无法估计的。

1.3.4 计算机时代的生物学

人类基因组序列之所以被人们称为"天书"，主要是因为基因组语言非常复杂。在最简单的层次上，通过基因序列分析，标识未知基因仍有许多困难。氨基酸链如何折叠成功能具备的蛋白质的特定结构，对其预测和建模仍然较难。

在单一的分子层次之外，也存在着巨大的挑战。在 GenBank 中，大量的数据正在呈指数增长，随着 DNA、RNA 之外的数据类型的出现，蛋白质序列之外的数据类也同样扩增，仅仅管理、访问和以易懂的形式为用户显示这些数据也是一个很严峻的任务。为了管理大量的资料，人机交互专家需要和生物学方面的学术工作者以及临床研究者的工作紧密地结合在一起。

生物学数据非常复杂而且相互纠结。比如，DNA 阵列的一点，不仅和它的密度信息相联系，而且和多层面的信息如基因组定位、DNA 序列、结构、功能和其他因素相连。创造一个信息系统使生物学家能够跟随这些链接，而不迷失在信息的海洋中，对计算机科学家来说也是一个巨大的机遇。

基因组中的每一个基因都不是独立存在的，多种基因相互作用形成的生物化学途径普遍存在。将基因组学和生物化学数据一起放到定量可预测的生物化学和生理的模型中，将是这一代计算生物学家的工作。生物信息学需要一种相互合作的研究模式，因为它涉及的知识或领域较多，需要计算机科学家、数学家和统计学家这些具有不同知识背景的人相互合作，这种合作的默契程度将在很大程度上影响生物信息学的研究效率和结果的可靠性。迈克尔·S. 沃特曼原来在数学方面没有多大成就，因为与 Los Alamas 国家实验室的生物学家坦普尔·F. 史密斯(Temple F. Smith)合作，他成了生物信息学领域的奠基人。沃特曼还是美国南加州大学生物、数学及计算机科学教授、美国人文与科学院院士(1995)、美国国家科学院院士(2001)以及美国国家工程院院士(2012)，同时他也是法国科学院和中国科学院的外籍院士。

并行计算这个概念已存在很长一段时间。将一个问题拆分成细小的可进行计算的分支部分，让处理器同时各自解决其中的一个小问题，而不是在一段时间内只解决一个问题。并行方法应用于实验分子生物学技术，如 DNA 微阵列，微阵列技术允许研究者在一个小的芯片上同时进行上千个基因表达的实验。微小的并行实验需要可收集和分析数据的计算机的支持，也需要将数据进行电子发布，因为对于数据分析者来说即使是肤浅的数据信息也可能会让其他人感兴趣。通过查找数据库获取的信息可以使科学家在实验室少工作几年时间。实验工作的丰硕成果可以分享，要归功于万维网的发展以及万维网促成的信息交流和交换的发展。实验分子生物学自动化程度的提高以及信息技术在生物科学中的应用，导致生命科学研究方式发生了根本的改变，或者颠覆性的变革。除了以前在一段时间对一个基因仔细地进行研究定位之外，我们现在可对所有可能得到的资料进行编目，完成完整的图像，然后再反过来对感兴趣的位点进行标记。

与那些常年在野外进行研究的生物学家不同，分子生物学家多数时间待在实验室，现在还有一个任务就是进行序列比较。现在的分子生物学家与以往有很大不同之处，计算机成了不可缺少的研究工具。实验的时间相对缩短了，用在序列分析上的时间相对就变长。进行序列分析，通过万维网使用一些公共数据库，在全世界范围都变得畅通无阻。一些常用的计算机程序，如 fsBLAST 等，可以帮助生物学家完成 DNA 序列比对,将一个待分析的 DNA 序列与收集到的全部的 DNA

序列进行逐个比较，这个过程听起来有点不可思议，但计算机就是适合于干这样的工作，这使生物学家的研究非常方便。

1.4 了解基因组数据库和生物信息学

根据国际数据库的统计，1990年核酸碱基数目为4000万，1995年核酸碱基数目为2.5亿，2000年核酸碱基数目为58亿，到2004年2月这一数目已超过200亿。要对这些海量数据进行处理分析就必须发展新的分析理论、方法、技术和工具，也必须依赖计算机的信息处理和储存能力。生物信息学是在此背景下发展起来的综合运用生物学、数学、物理学、信息科学以及计算机科学等诸多学科理论方法的崭新交叉学科。生物信息学是内涵非常丰富的学科，其核心内容至少包括基因组信息学、蛋白质组信息学和代谢调控信息学三大部分。

基因组信息学指基因组信息的获取、处理、存储、分配和解释，目的是确定全部基因在染色体上的确切位置以及各DNA片段的功能；蛋白质组信息学即对细胞、组织中蛋白质结构、表达、定位以及各蛋白质之间的相互作用信息进行处理和解释，最终确定各蛋白质的功能及相互作用关系，蛋白质组学研究不仅能为解释生命活动规律提供基础，还能为众多种疾病机理的阐明及攻克提供理论根据和解决途径；代谢调控信息学的目的是阐明基因表达的调控机理，它通过研究生物分子在基因调控中的作用，来了解人类疾病诊断、治疗的内在规律。生物信息学的研究目标是揭示"基因组信息结构的复杂性及遗传语言的根本规律"，解释生命的遗传语言，已成为整个生命科学发展的重要组成部分。

1.4.1 生物信息学研究的主要推动力

生物信息学的产生归因于20世纪生物学、分子生物学及计算机科学的迅猛发展。现代分子生物学的发展，特别是人类基因组计划的实施，使生物学家面临的数据不再是实验记录本上或文献上的简单数字，而是公共数据库中数以千兆计的记录。生物信息学就如同向导，帮助生物学家从这个公共数据库中寻找他们所需要的生物学知识。推动生物信息学研究的动力主要有现代分子生物学与计算机技术、人类基因组计划以及生物医药工业。

1. 现代分子生物学与计算机技术

伴随生命科学迅速发展的是生物数据如生命科学相关文献及生物序列、结构信息的大量积累。分子生物学和遗传学的文献积累从20世纪60年代的近10万篇增长到80年代中期的30万篇。此后，至90年代中期，文献数已增长至40多万篇，平均每年1万篇。而至2000年，则达到近50万篇，平均每年2万篇。同时，

DNA 序列数据也在迅速增长，从 20 世纪 80 年代初的百余条序列、几十万碱基迅速上升至 20 世纪 90 年代末的数百万条序列、数十亿碱基。至 2000 年底，国际数据库记录的接近 1000 万条，DNA 序列的碱基数已超过 100 亿。如果用传统的纸张来书写，以每个核苷酸作为一个字符，则需要印制 1 万本每本 1000 页，每页 1000 字的书。另外，二维凝胶电泳技术、测序质谱技术以及生物芯片技术的高速发展和广泛应用，也使得大量的数据信息已经无法用传统的文献形式发表，而更多的需以数据库形式，通过文字、图像、超链接等多种方式来记录。

生物学相关信息量的革命性的爆炸，产生了对海量生物信息进行处理的需求。幸运的是在过去的二十多年里，电子计算机芯片对于数字处理的能力的增长基本符合摩尔(Moore)定律(指数增长)。每个 CPU 所含晶体管数从 20 世纪 70 年代初的几千个迅速且稳定地增长到 80 年代末的上百万个，即平均每 2 年翻一番。至 20 世纪 90 年代末，又上升至上亿个，即平均每 2.5 年翻一番，如今的大型计算机的数据处理能力，已经发展到每秒数千亿次乃至数万亿次计算的水平。有了这一技术支持条件，连同计算方法的创新和发展，基因组研究和其他生物学研究所产生的海量数据，才能够得以有效地管理和运行，于是，生物信息学便在综合计算生物学的研究和生物学信息的计算机处理的基础上迅速且成功地发展起来。

2. 生物医药工业

生物医药工业也是推动生物信息学发展的重要动力。近年来生物医药公司纷纷投资生物信息学研究，主要原因在于生物信息学可大大加速新药开发过程。人类基因组计划所推动的大规模 DNA 测序也为生物医药工业提供了大量可用于新药开发的原材料，有些基因产物可以直接作为药物，而有些基因则可以成为药物作用的靶标。

欧美许多医药公司纷纷投资人类基因组计划特别是 EST 的研究工作，另一个不可忽视的原因是基因和基因序列可以申请专利保护。至今已有数千项基因专利注册成功。因为生物信息学能够大大加快传统基因发现和研究，因而成为各营利性研究机构和医药公司争夺基因专利的重要工具，同时这一竞争又反过来极大地刺激了生物信息学的发展。

3. 基因组研究

英国 Wellcome Trust 基金会投资建立的基因组研究园区拥有英国测序中心、英国医学研究委员会人类基因组图谱计划资源中心和欧洲生物信息学研究所三个机构。英国医学研究委员会创建的人类基因组图谱计划资源中心，为人类和小鼠基因组计划提供实验材料和技术服务，也为英国生物学工作者提供联机计算、用户支持及培训。人类基因组图谱计划资源中心原为 EMBnet 专业节点。1999 年，原英国 EMBnet 国家级节点 SEQNET 合并到该中心，使其成为国家级节点。

蛋白质序列研究组是 PIR 合作成员之一，负责在欧洲收集、发布和维护蛋白质数据。MIPS 也提供同源蛋白质家族数据库的网址、数据查询和搜索软件，在线虫和拟南芥基因组计划中负责协调工作。

伦敦大学学院(University College London，UCL)是伦敦大学最大最古老的学院，建立于 1826 年，是剑桥大学与牛津大学的强劲对手，是英国的"金三角"名校[①]之一。位于伦敦大学学院的计算生物学研究中心，是整个欧洲最重要的研究机构之一，EMBnet 专业节点就设在这里。计算生物学研究中心以生物分子结构和建模方面的研究著称，并在世界上率先建立了蛋白质序列指纹数据库(PRINTS)、蛋白质结构注释数据库(PDB-sum)、蛋白质结构分类数据库(CATH)等，在目前为数不多的蛋白质数据库方面处于领先水平。如果研究者要分析蛋白质-配体互作、氢键-非共价键互作、蛋白质序列模体、蛋白质立体结构等，该中心提供的程序是最好的选择。它拥有数据查询、序列分析等先进工具，并用 DbBrowser 为用户提供优质的服务。1999 年起，该数据库转由英国曼彻斯特大学的生物信息研究和教育中心维护。

由于基因组大规模测序比蛋白质三维结构的测定容易得多，模式生物基因组计划序列测定的速度远远领先于蛋白质结构测定。从大量序列数据中获取有用信息，必须对数据按一定方式进行处理，即构建二次数据库，开发数据查询软件。在此基础上，利用生物信息学手段，研究开发有效的分析工具，分析序列数据中的生物学意义，探索生物大分子的结构功能关系。

对于生物信息资源，必须用有效方法进行管理和维护，以便进行分析、处理和利用。这就需要用计算机对数据进行分类存储和管理，建立数据库。数据库分类方法有多种，按数据种类可分为一级结构序列、二维凝胶图像和三维结构图，按数据存储方式可分为文件系统、关系数据库、面向对象数据库等。

4. 大分子序列数据库

大分子序列数据库包括重要的核酸和蛋白质序列数据库。核酸序列数据库 EMBL、DDBJ、GenBank 是目前世界上的三大核酸序列数据库。蛋白质序列数据库主要有 PIR、MIPS、SWISS-PROT、TrEMBL、NRL-3D 等。

1) EMBL

欧洲生物信息学研究所是欧洲分子生物学实验室(European Molecular Biology Laboratory，EMBL)所属的一个机构，建立于 1994 年。EMBL 由欧盟资助，总部在德国海德堡，主要任务是开发和维护 EMBL 核酸序列数据库，并实现该数据库更新。EMBL 除与 GenBank、DDBJ 合作外，还与瑞士生物信息研究所合作，共

---

① "金三角"名校是指位于英国剑桥、伦敦和牛津三个城市的六所研究型大学：剑桥大学、牛津大学、帝国理工学院、伦敦政治经济学院、伦敦大学学院和伦敦国王学院。

同维护和发布 SWISS-PROT 蛋白质序列数据库。该研究所还搜集和发布了 30 多个分子生物学二次数据库。

核酸序列数据库 EMBL 由欧洲生物信息学研究所维护。EMBL 的数据来源主要有两部分，一部分由科研人员或基因组测序机构通过计算机网络直接提交，另一部分则来自科技文献或专利。EMBL 与 DDBJ、GenBank 建有合作关系，分别在全世界范围内收集核酸序列信息，每天都将新测定的或更新的数据相互交换。近来，DNA 序列数据库的规模正以指数形式增长，平均不到 9 个月就增加一倍。1998 年 1 月，EMBL 数据库中收录的序列数已超过 100 万，包括 15500 个物种，其中模式生物的序列占 50%以上，它们包括人类、线虫、啤酒酵母、小鼠和拟南芥等。可以利用序列查询系统 SRS 从 EMBL 数据库中检索和获取序列数据及其相关信息。利用欧洲生物信息学研究所网站提供的 BLAST 或 FastA 程序，可以对 EMBL 数据库进行未知序列同源性搜索。

2) DDBJ

DDBJ 是日本 DNA 数据库的简称，始建于 1986 年，由日本国立遗传学研究所 (National Institute of Genetics) 负责数据库的建设、维护和发布，并与欧洲的 EMBL、美国的 GenBank 合作，从世界各地通过计算机网络把序列直接提交该数据库。DDBJ 网页上也提供了包括 FastA 和 BLAST 在内的数据库查询和搜索工具。DDBJ 主要向研究者收集 DNA 序列信息并赋予其数据存取号，信息来源主要是日本的研究机构，亦接受其他国家呈递的序列。

他们开发了 SQmateh 工具，用来搜索基因或蛋白质中短的碱基或氨基酸序列区域，并建立了简便且易操作的 SOAP(simple object access protocol)服务器。它的数据主要通过 Sakura 和 MST 工具来完成。

3) GenBank

GenBank 是美国国家生物技术信息中心建立的核酸序列数据库，其数据主要来自由政府部门资助的中心和其他学术单位。为保证数据尽可能完整，GenBank 与 EMBL、DDBJ 建立了相互交换数据的合作关系。

鉴于数据库规模不断扩大，而数据来源种类繁多，GenBank 按照数据来源分成 17 个子数据库，以便于管理和使用。GenBank 将这些数据按高通量基因组序列 (high throughput genomic sequences，HTGS)、EST、序列标签位点(sequence tagged site，STS)和基因组普查序列(genome survey sequences，GSS)单独分类。尽管这些数据尚未加以注释，它们仍然是 GenBank 的重要组成部分。完整的 GenBank 数据库包括序列文件、索引文件以及其他有关文件。索引文件根据数据库中作者、参考文献等建立，用于数据库查询。GenPept 是由 GenBank 中的核酸序列翻译而得到的蛋白质序列数据库，其数据格式为 FastA。GenBank 中最常用的是序列文件，它包括核苷酸碱基排列顺序和注释两部分。

4) dbEST

dbEST 是 GenBank 的一个子数据库，包含来源于不同物种的表达序列数据和表达序列标签序列的其他信息。人类表达序列标签(EST)是由随机选择的 600 多个人脑互补 DNA(complementary DNA, cDNA)自动生成的部分 DNA 序列。dbEST 数据库专门收集 EST 数据，该数据库有自己的格式，包含标识符、编号、序列数据以及 dbEST 的注释摘要，也按 DNA 种类分成了若干子库。1998 年 5 月 8 日版的 dbEST 共包含 160 万条 EST，其中包含 100 万条人类 EST，30 万条小鼠和大鼠 EST。尽管早期人们担忧 EST 数据质量问题，但由于研究的需要以及 EST 数据的重要性，GenBank 建立了子库 dbEST，专门收集来自各研究机构的 EST 数据。

5) GSDB

基因组序列数据库(genome sequence database, GSDB)由美国新墨西哥州圣菲(Santa Fe)的国家基因组资源中心创建。GSDB 收集、管理并且发布完整的 DNA 序列及其相关信息，以满足基因组测序中心需要。该数据库采用服务器-客户机关系数据库模式，大规模测序机构可以通过计算机网络向服务器提交数据，并在发送之前对数据进行检查，以确保数据的质量。GSDB 数据库中条目的格式与 GenBank 基本一致，主要区别是 GSDB 数据库中增加了 GSDBID 识别符。

GSDB 数据库可以通过万维网查询，也可以使用服务器-客户机关系数据库方式查询。无论用哪种方法，熟悉数据库结构化查询语言(structured query language, SQL)，都会对更好地使用 GSDB 数据库有所帮助。

6) PIR

蛋白质序列数据库 PIR 是由美国国家生物医学研究基金会(National Biomedical Research Foundation, NBRF)的玛格丽特·戴霍夫(Margaret Dayhoff)于 20 世纪 60 年代初建立，用于研究蛋白质进化关系。1988 年起，PIR 由国际蛋白质序列数据收集委员会 PIR-International 共同维护。它不仅包括 NBRF 收集的蛋白质序列数据，也包括日本国际蛋白质信息数据库和德国 Martinsried 研究所收集的蛋白质序列。

作为 PIR 国际蛋白质序列数据库的三个主要合作单位之一，德国 Martinsried 蛋白质研究所负责收集和处理蛋白质序列数据，存储在德国慕尼黑的蛋白质序列信息中心(Munich Information Center for Protein Sequences, MIPS)中。MIPS 通过 PATCHX 系统发布从外部收集到的未经验证的增补数据，用户可以通过其所在的网络服务器访问该数据库，查询该数据库可以很快获得 FastA 格式的蛋白质序列相似性比对结果。

7) SWISS-PROT

SWISS-PROT 数据库创建于 1986 年，由瑞士生物信息学研究所(Swiss Institute of Bioinformatics, SIB)和欧洲生物信息学研究所(EBI)共同协作维护。数据库由蛋白序列条目构成，每个条目包含蛋白质序列、引用文献信息、分类学信息、注释等，注释中包括蛋白质的功能、转录后修饰、特殊位点和区域、二级结构、四级结构、与其他序列的相似性、序列残缺与疾病的关系、序列变异体和冲突等信息。SWISS-PROT 中尽可能减少了冗余序列，并与其他 30 多个数据建立了交叉引用，其中包括核酸序列库、蛋白质序列库和蛋白质结构库等。利用序列提取系统(SRS)可以方便地检索 SWISS-PROT 和其他 EBI 的数据库。SWISS-PROT 只接受直接测序获得的蛋白质序列，序列提交可以在其 Web 页面上完成。

SWISS-PROT 数据库创建 10 年之后，1996 年 SIB 和 EBI 又建立了 TrEMBL 数据库，作为 SWISS-PROT 数据库的补充。该数据库是由 EMBL 数据库中核酸序列经计算机程序翻译所得的氨基酸序列，采用与 SWISS-PROT 数据库完全一致的格式。TrEMBL 数据库分为两部分，SP-TrEMBL 和 REM-TrEMBL。其中 SP-TrEMBL 中的条目将归并到 SWISS-PROT 数据库中；而 REM-TrEMBL 则包括其他序列，如免疫球蛋白、T 细胞受体、小肽、合成序列、专利序列等。

EBI 将 SWISS-PROT 和 TrEMBL 数据库合并，构成一个较全面的且只有最低冗余的数据库，但该数据库包含了 30%的重复序列，还不是真正的非冗余数据库。用户可使用 SRS 检索系统查询 SWISS-PROT+TrEMBL 数据库。

除一级和复合数据库外，还有许多蛋白质序列二次数据库。相对于一次数据库而言，二次数据库的数据价值更高一些。由于一次数据库种类、格式以及分析处理的方法不同，各个二次数据库包含的信息也不尽相同，这些格式反映了数据库的特征。许多二次数据库以 SWISS-PROT 数据库为基础构建，因此，二次数据库多少都会保留一些 SWISS-PROT 数据库的风格。

8) NRDB

NRDB 是由美国国家生物信息中心(NCBI)创建的蛋白质序列数据库，NRDB 数据库采用了 NCBI 的 BLAST 搜索程序对蛋白质序列数据进行分析。该数据库由 GenPept(由 GenBank 编码序列自动翻译而成数据库)、NRL-3D、SWISS-PROT、SPUpdate(每周更新的 SWISS-PROT 数据库)、PIR 和 GenPeptUpdate(每天更新的 GenPept)数据库复合而成，因此，NRDB 的数据更新快，数据量大而丰富，这是该数据库的一大优势。该数据库不含重复信息，但严格来讲，仍含有部分冗余信息。此外，由于该数据库是通过对上述数据库的简单比较而生成，一次数据库中的错误序列可能被引入该复合数据库。

另一个常用的蛋白质序列数据库是 NRL-3D。该数据库的序列是从三维结构数据库 PDB 中提取的，因此其蛋白质三维结构均为已知。该数据库除序列信息外，还包括二级结构、活性位点、结合位点、修饰位点等与蛋白质结构直接相关的注释信息，对研究蛋白质结构功能关系和同源蛋白分子模型构建非常有用。

9) PROSITE

二次数据库 PROSITE 收集了有显著生物学意义的蛋白质位点和序列模体，这些蛋白质位点和序列模体采用正则表达式的方法进行序列比对而获得。PROSITE

数据库实际上是由两个子库组成的：一个是 PROSITE，用于存放正则表达式；另一个是 PROSITE-DOC，从该数据库名称中的"DOC"就知道其用途是存放文献摘要等文字说明。PROSITE 子库继承了 SWISS-PROT 数据库的风格，两者在数据格式上有很大的相似性；而 PROSITE-DOC 以文本文件格式提供对蛋白质家族特征的描述，并且列出了序列模体所具有的生物学作用及相关的参考书目等信息。

PROSITE 数据库能根据具有生物学意义的蛋白质位点和序列模体快速和可靠地鉴别一个未知功能的蛋白质序列应该属于哪一个蛋白质家族。有的情况下，某个蛋白质与已知功能蛋白质的整体序列相似性很低，但由于功能的需要，保留了与功能密切相关的序列模体，这样就可能通过 PROSITE 的搜索找到隐含的功能 MOTIF，因此是序列分析的有效工具。通过查询 PROSITE 数据库，可以探索特定序列的生物学功能。PROSITE 中涉及的序列模式包括酶的催化位点、配体结合位点、与金属离子结合的残基、二硫键的半胱氨酸、与小分子或其他蛋白质结合的区域等，除了序列模式之外，PROSITE 还包括由多序列比对(multiple sequence alignment，MSA)构建的 profile，能更敏感地发现序列与 profile 的相似性。

10) PRINTS

二次数据库 PRINTS 是一个与 PROSITE 同样重要的数据库。PRINTS 意为指纹，所以 PRINTS 数据库也称为序列指纹数据库。PRINTS 数据库列出了局部多序列比对的结果，并以各保守区域作为模体(motif)构成蛋白质指纹。PRINTS 数据库采用不插入空位、不考虑残基权重的比对方法，这是 PRINTS 数据库在构建方法上与 PROSITE 数据库的不同之处。在构建序列指纹图谱过程中，通过多序列比对得到一组序列模体种子，并对这些种子进行分析和筛选。然后通过反复的数据库搜索，找出那些保守的序列模体。最后检测哪一个序列与序列指纹图谱中的所有序列模体匹配，如果存在比最初比对结果多得多的匹配结果，那么这些新增的序列信息就添加到序列模体中，然后重新开始搜索数据库，反复进行上述迭代过程，直到没有新的序列指纹图谱产生。最终结果被纳入 PRINTS 数据库中。PRINTS 数据库的构建，最初基于非冗余蛋白质序列数据库 OWL，后来则以 SWISS-PROT 和 SP-TrEMBL 为主。

11) BLOCKS

由于 BLOCKS 数据库的构建基于 PROSITE 和 PRINTS 数据库，因此它并没有提供比这两个数据库更多的蛋白质家族信息。但是，由于与构建 PROSITE 和 PRINTS 时所采用的方法不同，因此最好同时查询这两个 BLOCKS 数据库。值得一提的是，PRINTS 数据库中约有 50%的蛋白质家族在 PROSITE 数据库中找不到，因此查询两个 BLOCKS 数据库所得的信息比单独查询一个数据库要全面。

此外，斯坦福大学生物化学系利用计算机程序对二次数据库 BLOCKS 和 PRINTS 进行处理得到的 IDENTITY 数据库被称为三次数据库。该数据库以 eMOTIF，采用"模糊"(fuzzy)匹配原则，生成类似 PROSITE 的正则表达式。与

PROSITE 不同的是，eMOTIF 允许具有相似性质的不同残基匹配。根据 20 种氨基酸的物理和化学特征，如电荷性、侧链大小、疏水性等，具有相似特性的氨基酸可以继续匹配。

12) CATH

另一个著名的蛋白质结构分类数据库是由英国伦敦大学学院开发的 CATH 数据库，CATH 之名源于类型(class)、构架(architecture)、拓扑结构(topology)和同源性(homology)的首字母简写。与 SCOP 数据库不同，CATH 数据库的分类基础是蛋白质结构域，分为 α 为主类、β 为主类、α-β 类(α/β 型和 α+β 型)和二级结构成分含量很低的低二级结构类 4 种类型。可以通过伦敦大学学院生物分子结构和模拟实验室网络服务器来查询 CATH 数据库。

蛋白质分子中的 α-螺旋和 β-折叠以超二级结构方式进行排列，形成蛋白质分子的构架，如同建筑物的立柱、横梁等，这一层次的分类主要依靠人工方法。二级结构的形状和二级结构间的联系形成蛋白质不同的拓扑结构。此外，通过序列比较可以获得蛋白质分子之间的同源性，然后通过结构比较进行确定。蛋白质的序列(sequence)提供了十分重要的信息，只要结构域中序列同源性大于 35%，就认为具有高度结构和功能相似性。对于较大的结构域，这一相似性标准则需要提高到 60%左右。

13) PDBsum

以科学研究在全球著称的伦敦大学学院还开发出了 PDBsum 数据库，它是对 PDB 数据库中的结构信息进行注释和总结。PDBsum 数据库包含了重要的结构信息，对 PDB 数据库中所有结构信息进行了总结和分析。通常列出了与 PDB 数据库中条目相关的简要信息，如分辨率(resolution)、R 因子(R-factor)、蛋白质主链数目、配体、金属离子、二级结构、折叠图和配体相互作用等。PDBsum 不但提供了 PDB 数据库中包含的结构信息，而且提供了获取一维序列、二维序列模体和三维结构信息的统一用户界面。随着计算机图形技术的发展，这种图文并茂的网络资源会越来越多，新一代的计算机软件可以使用户更方便地利用这些信息资源。

计算机技术特别是计算机网络技术的发展，为研究开发方便实用的序列分析软件提供了基础。近年来，基于分布式计算的 CORBA 协议和基于面向对象的 Java 语言等各种新技术，已经开始应用在生物信息领域，以此为基础开发的新一代交互式序列分析系统，可以使用户方便地使用因特网上的各种信息资源，为缺乏计算机使用经验的初学者提供了方便。而可视化编程技术则为交互式显示和分析核酸和蛋白质序列的一维、二维和三维信息提供了有效的工具，研究者可以更为直观地了解核酸和蛋白质分子，为探索序列、序列模体和三维结构中包含的功能和家族信息提供了有效途径。

1.4.2 特定基因组资源

GenBank 等核酸序列数据库涵盖了从完整基因组到单个基因的序列数据及部分注释信息，称为一次数据库。此外，还有些更有针对性的基因组资源，或称专用数据库。这些专用数据库既包括了上述一次数据库的部分数据，也包括了从其他数据库资源获得的信息或交叉链接，主要分为两大类：一类是模式生物基因组数据库，另一类是与特殊的测序技术有关的数据库。这些专用数据库尽管也包含序列数据，但它们的特色主要是为某一特定的模式生物提供一个完整的数据资源，如酵母（*Saccharomyces cerevisiae*）、线虫（*Caenorhabditis elegans*）、果蝇（*Drosophila melanogaster*）、拟南芥（*Arabidopsis thaliana*）、幽门螺杆菌（*Helicobacter pylori*）等。这些数据库从各个不同层次上搜集整理有关信息，以便对某个模式生物全基因组有一个更加完整的了解。

1. SGD

酵母基因组数据库 SGD 是已经完成基因组全序列测定的酿酒酵母基因组资源，包括酿酒酵母的分子生物学及遗传学等大量信息。通过因特网可以访问该数据库的全基因组信息资源，包括基因及其产物、一些突变体的表型以及各种有关的注释信息。酵母基因组是 1998 年完成基因组全序列测定的第一个真核生物基因组，其重要性不言而喻。SGD 将各种功能集成在一起，生物学家可通过该数据库进行序列同源性搜索、对基因序列进行分析、检索酵母基因名称、查看基因组各类图谱、显示蛋白质分子三维结构、设计能够有效克隆酵母基因的引物序列等。该数据库通过方便实用、形象生动的图形界面为用户提供酵母基因组物理图谱、遗传图谱和序列特性图谱等信息。

2. UniGene

整个人类基因组估计有 30 亿个碱基对，其中大约 3%可以编码蛋白质，其余部分序列的功能还不清楚。转录图谱可以把基因组中能够编码蛋白质的部分集中起来，因此是一种重要的数据资源。UniGene 试图通过计算机程序对 GenBank 中的序列数据进行适当处理，剔除冗余部分，将同一基因的序列，包括 EST 序列片段搜集到一起，以便研究基因转录图谱。UniGene 除包括人的基因外，也包括小鼠、大鼠等其他模式生物的基因。UniGene 数据库的标题行列出基因名称和简单说明，表达部位行指出该基因在什么组织中表达以及在基因图谱中的位置等。此外，列出该基因在核酸序列数据库 GenBank 或 EMBL 和蛋白质序列数据库 SWISS-PR 中的编号的超文本链接。UniGene 中部分条目包括已知基因序列，而有些条目则仅有新测得的 EST 序列片段。这就意味着，这些 EST 序列所对应的基因尚未搞清，可以用来发现新基因。在描述基因图谱及大规模基因表达(gene expression)分析等研究中，UniGene 也可以帮助实验设计者选择试剂。UniGene 可以通过 NCBI 或 SRS 系统访问。

3. TDB

美国基因组研究所(The Institute for Genomic Research，TIGR)的 TDB 数据库包括 DNA 及蛋白质序列、基因表达、细胞功能以及蛋白质家族信息等，并收录有人、植物、微生物等分类信息，是一套大型综合数据库。此外，该数据库还包括 Lyme 病螺旋体(*B. burgdorferi*)、流感嗜血菌(*H. influenzae*)、幽门螺杆菌(*H. pylori*)和生殖道支原体(*M. genitalium*)，以及寄生虫(*T. brucei* 和 *P. falciparum*)数据库，人、鼠、水稻、拟南芥等基因组信息资源，其中有些数据可以由 TIGR 的 FTP 站点下载。

4. AceDB

AceDB 数据库，是线虫(*C. elegans*)基因组计划的一个成果。库内的资源包括限制性酶切图谱、基因结构信息、柯氏质粒(cosmid)图谱、序列数据、参考文献等。通过 AceDB 数据库管理系统可以浏览这个数据库，AceDB 提供一个图形界面，使用户能够从大到整个基因组、小到序列的各个层次考察基因组数据。需要注意的是，AceDB 通常指线虫数据库本身，而 AceDB 起初是为管理 AceDB 数据库开发的数据库管理工具和软件系统，目前它也用于其他基因组数据库的管理。AceDB 使用面向对象的程序设计技术，是一个具有相当灵活性和通用性的系统，可以很方便地用于其他基因组计划的数据分析。例如，拟南芥(*A. thaliana*)、酿酒酵母(*S. cerevisiae*)及各种人染色体数据。为适应网络的发展，AceDB 添加了一些 CGI 脚本，Perl 模块，称 webace，可在互联网上使用，例如，humace 就提供了由 Sanger 中心测定的人类基因组序列的 ACeDB 数据库的网页访问服务。

5. COG

测序基因组中编码蛋白质的合理分类对基因组序列被最大限度地用于功能和进化研究至关重要。蛋白质直系同源簇(clusters of orthologous groups，COG)数据库，即 COG 数据库，是对细菌、古细菌和真核生物等完整基因组编码蛋白质的系统发生分类的一项尝试。通过将基因组特异性最佳匹配的一致性原则应用于基因组中所有蛋白质序列的全面比较，其比较结果构建了 COGs。COG 数据库由 2091 个 COGs 组成，其中 56%~83%来自每个完整的细菌和古细菌基因组，约 35%来自酿酒酵母基因组。COG 数据库附带的 COGNITOR 程序，可用于新蛋白质与 CODs 中的蛋白质做对比分析，将新蛋白质归入适当的 COGs 中，并能够用于注释新测序基因组的功能和系统发生。

构成每个 COG 的蛋白质被假定为来自一个祖先蛋白质，orthologs 或者是 paralogs。orthologs 是指来自不同物种的由垂直家系进化而来的蛋白质，并保有原始蛋白质相同的功能。paralogs 是指源于一定物种中的基因复制的蛋白质，可能进化出新的与原来有关的功能。

COG 是通过把所有完整测序的基因组编码蛋白质一个一个地相互比较来确定。在考虑来自一个给定基因组的蛋白质时，这种比较将给出每个其他基因组的最相似的蛋白质。如果在这些蛋白质(或子集)之间，一个相互的最佳匹配关系被发现，那么相互的最佳匹配将形成一个 COG。尽管是按照绝对相似性来比较的，但相比于被比较的基因组中的其他蛋白质，一个 COG 中的成员将与这个 COG 中的其他成员更相像。最佳匹配原则的应用，没有了人为选择的统计切除的限制，这就兼顾了进化慢和进化快的蛋白质。然而，还有一个附加的限制是，一个 COG 必须包含来自发生上远的 3 个种系基因组的一个蛋白质。

6. GDB

GDB 数据库是由美国约翰霍普金斯大学(Johns Hopkins University)于 1990 年建立的人类基因组数据库，由加拿大多伦多儿童医院生物信息超级计算中心负责管理。GDB 数据库是用大型商业软件 Sybase 数据库管理系统开发的，并用 Java 语言编写基因图谱显示程序，为用户提供了很好的界面，缺点是传输速度受到一定限制。

GDB 数据库用表格方式给出基因组结构数据，包括基因单位、PCR 位点、细胞遗传标记、EST、叠连群(contig)、重复片段等；并可显示基因组图谱，其中包括细胞遗传图、连锁图、放射杂交图、叠连群图、转录图等；并给出等位基因等基因多态性数据库。此外，GDB 数据库还包括了与核酸序列数据库 GenBank 和 EMBL、遗传疾病数据库 OMIM、文献摘要数据库 MedLine 等其他网络信息资源的超文本链接。

7. MGD

小鼠基因组数据库(mouse genome database，MGD)是小鼠基因组信息学(mouse genome informatics，MGI)系统[①]的一个组件。MGD 力图用来自文献和在线来源中注释的实验和数据提供一个有关小鼠的综合知识库。MGD 精选并显示遗传信息、基因型(序列)信息和表型信息实验的数据表征，包括有关基因和基因产物的详尽报告。整合的主要焦点是通过基因、序列和表型间关系的表征。MGD 与其他生物信息学研究组协作以精选一套有关实验室小鼠的权威信息，并构建及实现对比较基因组分析必不可少的数据和语义标准。

---

① http://www.informatics.jax.org。

8. TAIR

TAIR(the arabidopsis information resource)是模式植物拟南芥(*Arabidopsis thaliana*)的遗传和分子生物数据库。从 TAIR 可获得完整的基因组序列、基因结构、基因产物信息、基因表达、DNA 和品种、基因组图谱、遗传和物理标记、出版物以及有关研究信息。基因产物功能数据每周都要更新。TAIR 也提供了与其他拟南芥资源的链接。

俄亥俄州立大学建立了拟南芥生物资源中心(Arabidopsis Biological Resource Center,ABRC),收集、繁殖、保存了拟南芥及相关物种的种子和 DNA 资源。ABRC 的品种信息已经整合到了 TAIR。

9. 水稻基因组数据库

2005 年,中国农业科学院作物科学研究所和中国水稻研究所提出并主持了水稻基因数据库的构建工作,由中国水稻研究所科技信息中心负责完成数据库的架构、程序设计和数据的录入。截至 2013 年 12 月,已累计完成 2500 份水稻基因(有生物学功能研究)数据的收录工作。

作为国家农业科学数据共享中心作物科学数据分中心下的一个数据库子平台,水稻基因数据库主要收集整理国内外发现的水稻基因(包含 QTL),包括基因名称、功能、定位情况以及参考文献等。另一方面,为了加强水稻基因数据库与水稻分子育种信息平台内其他相关数据库的关联,我们重新构建了 ONTOLOGY 系统、水稻分子标记数据库、遗传图谱数据库及相关的参考文献数据库。可以在该数据库中查询水稻优异种质、水稻突变体、分子标记、基因及品种谱系等资源,同时还提供相关文献检索。

日本创建了 Oryzabase[①],通过整合生物学数据和分子基因组信息,创建作为单子叶模式植物——水稻的基因组数据库。数据库包含了有关水稻发育和解剖、水稻突变株和遗传资源,特别是野生水稻种类的信息。几个遗传图谱、物理图谱和表达图谱连同全基因组和 cDNA 序列也与 Oryzabase 中的生物学数据联合。当汇聚到一起时,这些数据集能够提供一种有用的工具以获得有关水稻生命周期、表型和基因功能间关系及水稻遗传多样性的更多知识。

1.4.3 疾病基因组资源

1. OMIM

在线人类孟德尔遗传(on-line mendelian inheritance in man,OMIM)数据库是

---

① http://www.shigen.nig.ac.jp/rice/oryzabase/top/top.jsp。

涵盖关于人类遗传病和基因座位等相关信息和文献的中心级数据库。该数据库的数据内容采用文本形式储存。OMIM 数据库是在维克托·A. 麦库西克（Victor A. McKusick）编写的《人类孟德尔遗传》的基础上发展起来的，目前数据库的整理和注释任务均由约翰霍普金斯大学医学院专职从事科学写作和评论的医学博士们承担，以保证数据注释的质量。OMIM 数据库能够提供给遗传学家关于基因序列、图谱、文献等其他数据库关于该类注释的详尽信息。同时，基于 OMIM 的知识发现也有助于我们掌握生化途径及疾病分子的致病机理。

2. GeneCards

GeneCards 是一个可搜索的综合数据库，由以色列的 Weizmann 科学研究所基因组研究中心和生物信息学中心共同开发。它自动整合约 125 个网络来源的基因数据（包括基因组、转录组学、蛋白质组学等），GeneCards 提供简明的基因组、蛋白质组、转录、遗传和功能上所有已知和预测的人类基因。GeneCards 中的功能信息包括指向疾病的关系、突变和多态性、基因表达、基因功能、途径、蛋白质与蛋白质相互作用。

3. 突变数据库

随着人类基因组序列草图的完成，基因组突变的研究显得日益重要，而越来越多的突变信息的积累，使得各种突变数据库相继诞生。根据各种数据库的功能，对目前的人类突变相关数据库资源进行了分类总结，分类为突变数据库、单核苷酸多态信息数据库、与疾病相关的突变数据库、突变对蛋白质的影响、突变图谱以及特定基因的突变信息，分析如何合理使用这些遗传突变数据资源，以及研究目前的突变数据库所存在的问题。

人类基因突变数据库（human gene mutation database，HGMD），从 1996 年开始，由英国卡迪夫大学的医学遗传学研究所维护，有 174000 种发表在文献上的由遗传所引起的疾病的种系变异。HGMD 能提供有关人类遗传疾病突变的综合性数据，可实现针对单一突变的快速查询并支持各种先进的搜索应用。目前，HGMD 已被广泛用于人类基因研究、诊断和个人基因组学等领域，并曾作为一项基本工具在国际千人基因组计划中发挥着重要作用。

4. 单核苷酸多态性数据库

单核苷酸多态性（SNP）是指在基因水平上由于单个核苷酸位置上存在转换、颠换、插入、缺失等变异而引起的 DNA 序列多态性，且在人群中这种变异的发生频率至少在 1% 以上。在人类基因组中，其他形式（包括三、四等位基因）的 SNP 非常罕见，因此 SNP 有时也简单指双等位基因标记。在含 30 亿个碱基的人类基因组中，估计每 1000 个碱基可出现 1 个 SNP，那么整个基因组中有超过 300 万个核苷酸多态位点。SNP 位点可以通过查询 dbSNP 数据库[①]和 TSC(the SNP consortium)数据库[②]获得，可以获知基因及上下游邻近序列的 SNP 位点。

dbSNP 数据库由 NCBI 与人类基因组研究所(National Human Genome Research Institute)合作建立，它是关于单碱基替换以及短插入、删除多态性的资源库。因为开发 dbSNP 是为了补充和辅助 GenBank，所以 dbSNP 包含了来自任何生物体的核苷酸序列。

1.4.4　DNA 序列分析

DNA 序列的碱基以遗传密码子(genetic code)对应于蛋白质序列 20 个不同氨基酸，而氨基酸是组成蛋白质的基本单元。因此，蛋白质序列比对的灵敏度较高，更容易发现亲缘关系较远的序列。然而，从信息论角度看，由 64 个密码子变成 20 个氨基酸残基，这一数量上的减少意味着一些信息的丢失，而很多中性突变并不会带来蛋白质功能上的变化，并且这种类型的 DNA 变异所占的比例很高。20 年前，多肽链测序主要依靠低通量的蛋白质化学方法，这种方法在今天依然相当重要，特别是在验证经过基因工程改造的一段蛋白质序列时，常常采用直接测定蛋白质序列的方法。然而，这种方法一次实验只能产生少量数据，效率十分低下，很难适合于对大量的蛋白质序列进行分析。因此，寻找一种替代方法对蛋白质序列进行分析，是很多从事生化或分子生物学研究的人梦寐以求的大事。近年来，高通量的自动荧光 DNA 测序技术的应用，使得 DNA 序列数据快速积累，而 DNA 序列通过计算机程序翻译得到的蛋白质序列数据也相应增长。这种通过翻译得到的蛋白质序列并不一定就是真正存在于活体细胞中的蛋白质，因为一个基因的翻译框架可以有 6 种，意味着翻译结果就会有 6 种蛋白质，因此也被称为六读码框翻译(six-frame translation)。而存在于细胞中的蛋白质只是这 6 种蛋白质中的一种，接下来还需要进一步的分析，确定最可能的是哪一种蛋白质。DNA 序列分析的应用包括许多方面，例如系统发育研究、基因工程中限制性内切酶图谱分析、基因识别中内含子(intron)和外显子(exon)预测、由开放阅读框(open reading frame, ORF)推测蛋白质一级结构等。

由于 DNA 水平上的突变、插入和缺失更能直接反映同一基因在不同种属之间的关系，系统发育分析一般选用 DNA 序列数据，而不是蛋白质序列数据。由于遗传密码子的简并性，密码子第 2 位或第 3 位的突变有时并不改变其编码的蛋白质，这类沉默突变(silent mutation)意味着从 DNA 水平上进行分析比从蛋白质水平上更好。系统发育结果通常以图形方式表示，称系统发育树(phylogenetic tree

---

① http://www.ncbi.nlm.nih.gov/SNP/。
② http://snp.cshl.org/。

或dendrogram)。真核生物基因组基因结构有一些重要特点，了解这些特点，才能理解它们对DNA分析序列的重要意义。例如，真核生物序列中有内含子、外显子、编码区、非编码区等，而原核生物基因结构较为简单，通常没有内含子。DNA序列数据库收录了不同类型的数据，包括非翻译区(untranslated region，UTR)、内含子、外显子、mRNA、cDNA，以及经计算机程序翻译得到的蛋白质序列等。因此DNA序列数据库实际上可以看成是一系列不同类型数据的集合。

根据遗传密码表，理论上可以对任意一个DNA序列进行翻译而得到氨基酸序列，这个过程称为假想翻译(conceptional translation)。这种通过计算机翻译得到的蛋白质序列，称为"假想序列"。对任意给定的一段DNA序列，必须将其所有读码框全部翻译出来，得到六读码框翻译结果。但这6种蛋白质序列中只有一种蛋白质序列是真实存在的，其余的蛋白质序列都是虚构的。

1. 确定开放阅读框

在分子生物学中，开放阅读框(ORF)是指从起始密码子开始，到终止密码子结束的核苷酸序列。如果一段DNA被认为是ORF，它就具有编码蛋白质的潜能。因此，在功能基因的发现过程中，确定ORF是一个不可缺少的环节。由于原核生物和真核生物基因结构上存在很大的差别，因此，在确定ORF方面也存在区别。

ORF识别则是确定哪种开放阅读框对应真正的多肽编码序列的过程。在真核生物中，ORF可能跨过外显子，在mRNA中进行拼接。通过翻译可以得到6条假想的蛋白质氨基酸序列，但接下来还需要确定6条假想的蛋白质氨基酸序列中哪一个是正确的。ORF的结尾很容易通过终止密码子做出判断，而ORF的起始位点的判断却较难，不能仅根据ATG来确定，因为ATG也可以编码蛋氨酸，有必要通过其他方法找到5'端编码区起始位点。可以通过一些规律识别DNA中蛋白质编码区的长度，统计表明，随机出现较长ORF的概率很小。因此，当ORF的长度达到一定范围时，通常可以确定其是编码序列。编码区起始位点是否有Kozak片段，对确定编码区起始位点也有一定帮助。在mRNA中，起始子位于Kozak序列中部，Kozak序列为编码序列起始位点的预测提供了更加充分的证据。

此外，编码区和非编码区碱基分布有不同统计规律。某些氨基酸在不同物种中密码子使用频率有很大区别，即密码子使用有偏爱性。这就好比不同地区的人群对味道的喜好有差异，广东人喜好甜味，四川人喜好辣味，重庆人喜好麻辣味。利用不同物种在密码子使用上的偏好性，我们可以判断翻译的正确与否，还可以对密码子进行统计分析来推测5'及3'非编码区。如果翻译过程中使用了大量不常使用的密码子，则说明这种翻译可能是错误的。除了特定的偏爱密码子，许多物种密码子第3个碱基趋向使用G或C而不是A或T。因此，G/C在这个位置的出现频率较高，这一特征可以进一步用来确定ORF。此外，如果在起始密码子上游存在核糖体的结合位点，这就表明找到了一个真实的ORF，因为核糖体结合位点是引导核糖体结合到正确的翻译起始位点的必备条件。与已知同源蛋白质进行序列比对，是基因识别最可靠的方法。

真核生物基因包括内含子与外显子两部分，外显子与内含子的交替出现使真核生物的基因出现断裂式的编码序列，故称"断裂基因"。断裂基因这种特征可以使基因的编码产物呈现出不同的长度，即最终产生的 mRNA 中可能只包括部分外显子，即使长度相同，也可能因为外显子排列顺序改变而得到不同蛋白质。从同一个 DNA 序列转录得到不同的成熟 mRNA，并最终翻译形成不同的蛋白质产物，称为剪接变体(splice variants)，或称可变剪接形式(alternatively spliced forms)。因此，搜索反映转录水平信息的 cDNA 或 mRNA 数据库时，其结果可能会出现缺失某个片段，实际上很可能是由可变剪接造成。内含子对于蛋白质的氨基酸序列是没有贡献的，只有外显子的序列决定最终的蛋白质产物。尽管内含子在转录后的加工过程中会被切除，但它们所占的比例有时比外显子还大得多，有些基因中的内含子可以占到整个基因长度的 80%~90%。

实际情况中，基因结构往往要复杂得多。外显子的终止不是由终止密码子控制，而是由外显子和内含子间特殊的序列片段决定。由于这种序列片段保守性不强，因此无法对其进行有效预测。例如，内含子 5′端序列可能是 AGGTAAGT，而 3′序列则可能为 PyPyPyPyPyPyNCAG(Py 表示嘧啶，N 表示任意碱基)，中间有很多不确定的碱基。非翻译区一般处于基因两端。翻译起始于 5′端，其上游非翻译区内包含启动子区，如 TATA 盒；3′端非翻译区位于终止密码子之后。启动子紧挨翻译起始位点上游。这里所指的上游是相对于翻译方向而言，一般是指起始点往前的区域。

2. DNA 序列拼接

DNA 序列分析的另一个重要方面是将一个经自动测序得到的 DNA 克隆片段装配成完整的核苷酸序列。有些实验要求有相当准确的序列数据，对于一个序列已知的基因，必须核实克隆得到的序列是否与已知基因的序列一致。如果不一致，就必须设计实验加以修正。克隆(cloning)出错的原因可能是多方面的，如使用了不恰当的引物，或在聚合酶链反应中使用了低效率的 DNA 聚合酶。克隆可以是能够直接测序的 mRNA，或是以 mRNA 为模板合成的 cDNA。

双脱氧核苷酸(ddATP、ddTTP、ddGTP、ddCTP)参入到正在延伸合成的 DNA 链上时，就可以终止延伸反应。由于反应体系中有大量脱氧核苷酸(dATP、dTTP、dGTP、dCTP)，它们与双脱氧核苷酸随机结合到模板上，因此延伸反应会终止在不同碱基上，结果每个引物都合成了一系列不同长度的片段。这些片段通过放射性同位素电泳或者荧光法测序，一般情况下，一次实验不可能测定编码序列全长，因此必须通过重叠片段的多重比对得到整个编码序列，必须进行序列拼接。序列拼接软件通过计算序列中每个位点上各种核苷酸可能出现的分值，找出共有序列

(consensus sequence)。可以设置一些参数来约束每个位点允许出现的错配碱基数。通常，为确定序列拼接质量，需要对一个片段进行多次测序。正链和负链上每个位置至少有两次以上测序结果一致，该位点的测序结果才比较可信；相反，如果序列中某一位点几次测序结果不一致，这一位点的可信度则较低。在测序过程中获得高可信度结果，是一项需要时间和耐心的工作，尤其在使用自动荧光测序仪进行高通量测序时更是如此。利用荧光测序技术可以对 DNA 序列数据进行快速测序，与传统的放射线方法相比，这种方法可同时进行大量反应，很容易实现自动化。计算机可对荧光进行分析，并将结果转换为数字信号。

3. 基因表达谱

基因组全序列测定和搞清这些序列所代表的意义是基因组研究的两个方面。获得了基因组全序列数据之后，还需要进一步了解基因组的哪些部分是可以表达成蛋白质的编码区，哪些部分是目前还不知道确切功能的非编码序列。

考察基因组内转录并最终翻译成蛋白质的编码序列，它们组成一个特定细胞类型的表达基因组。通过构建处于某一特定状态下的细胞或组织的非偏性 cDNA 文库(cDNA library)，大规模 cDNA 测序，收集 cDNA 序列片段、定性、定量分析其 mRNA 群体组成，从而描绘该特定细胞或组织在特定状态下的基因表达种类和丰度信息，这样编制成的数据表就是基因表达谱(gene expression profile)。

不同功能的细胞或同一细胞在不同的发育阶段，会有不同的基因表达。这些特异表达的基因就是细胞的表达谱，它能反映出哪些基因表达正常，哪些基因表达不正常，以及细胞内不同基因间哪些表达相互关联等，这对于认识某些疾病的分子机理是很重要的。作为基因组测序计划补充的表达谱研究，为进一步研究基因组提供了一种新的途径。

4. cDNA 文库和 EST

要研究细胞表达谱，从原理上来讲其实比较简单。首先要找到合适的细胞样本。然后，利用试剂盒从细胞中提取足量的 mRNA，以此作为模板逆转录形成互补 DNA(cDNA)，再与适当的载体(常用噬菌体或质粒载体)连接后转化受体菌形成重组 DNA 克隆群，这样包含着细胞全部 mRNA 信息的 cDNA 克隆集合称为该组织或细胞的 cDNA 文库。

cDNA 文库和基因组文库是两个不同的概念，两者最主要的区别是基因组文库含有非转录的基因组序列(重复序列等)，而 cDNA 文库不含这些序列。与基因组文库一样，cDNA 文库也是指一群含重组 DNA 的细菌或噬菌体克隆。每个克隆只含一种 mRNA 的信息，足够数目克隆的总和包含了细胞的全部 mRNA 信息。

简单地讲，利用反转录酶由 mRNA 得到互补链 cDNA，通过自动测序仪对每个克隆单次测序就得到 EST。有些也使用引物对每个克隆进行两次测序，一次从 5'端到 3'端，另一次则从 3'端到 5'端。双向测序法可提高 EST 拼接时的识别率，当 5'端序列数据的准确率较低而影响拼接时，可利用由 3'端开始的测序结果。

EST 的概念于 1991 年由 Adams 等首次提出，近年来由此形成的技术路线被广泛应用于基因识别、绘制基因表达图谱、寻找新基因等研究领域，并且取得了显著成效。EST 技术最常见的用途是基因识别，传统的全基因组测序并不是发现基因最有效率的方法，而且这种方法用于测序的成本很高，用时较长。因为基因组中只有 2%的序列编码蛋白质，因此一部分科学家支持首先对基因的转录产物进行大规模测序，即从真正编码蛋白质的 mRNA 出发，构建各种 cDNA 文库，并对库中的克隆进行大规模测序，这样就可以较快对基因进行识别、发现新基因。

得益于 cDNA 阵列技术的发展，研究人员进一步推动了 EST 在分子标记和功能基因组学研究中的应用。EST 是一种快速有效揭示基因组容量的方法。在基因组测序计划开始之前，已经在好几个谷类作物中开展了大规模的 EST 测序计划，并且几乎在所有的谷类作物中，都获得了大量的 EST 序列。

5. EST 数据对 DNA 数据库的影响

众所周知，DNA 数据库包含各种不同类型的数据，包括全长编码序列、基因组序列、EST 等。其中，EST 数据的质量不是很高，因此，在初期引起了大家的质疑。由于 EST 本身的特性，EST 数据库不可能是完整的数据库，其序列数据也有不少错误。尽管如此，EST 数据库依然相当有使用价值，特别是通过 EST 片段的拼接以及 EST 和基因组序列的比对来寻找全长基因，是一种十分有效的途径。由于 EST 来自功能基因的表达片段，因此，其重要性不可否认。由于许多生物的基因组中含有大量的重复序列和非编码区域，对全基因组的测序带来困难，所以获取 EST 数据，可以大大节省研究的成本和时间，受到基因组研究者的青睐。如果要说 EST 数据的加入会影响到数据库的质量，那么舍去 EST 数据将会导致基因组研究的速度大为降低。所以，从权衡利弊的角度来讲，EST 数据是利大于弊，是基因组研究不可缺少的数据资源。

现在，人们对是否应该把 EST 数据放到核酸序列数据库中已经没有异议，普遍认同它在基因发现方面的重要价值，其对数据库质量的影响是次要的。如果仅从数据准确性这一点看，EST 的确对数据库质量有一定影响。但另一方面，EST 对现有数据库中尚未收录的某些基因片段是一个很好的补充。从这一点上看，EST 的确大大丰富了 DNA 序列数据库的内容。

1.4.5 寻找序列之间的差异

1. 数据库检索和数据库搜索

数据库只是用来存储数据的，而要进行分子的生物信息学分析，往往需要通过数据库查询和数据库搜索等操作才能获得需要的数据信息。确切地讲，数据库查询和数据库搜索是两个不同的概念，但因为极为相似，有时常被混淆。所谓数据库查询，是指对序列、结构以及各种二次数据库中的注释信息进行关键词匹配查询。数据库查询有时也称数据库检索，它和因特网上通过搜索引擎查找需要的信息是一个概念。而数据库搜索是指通过特定序列相似性比对算法，找出核酸或蛋白质序列数据库中与待检序列具有一定程度相似性的序列。

基于文字注释信息的数据库检索是核酸和蛋白质序列分析的一个重要组成部分，这一点不应该忽略。然而，在实际应用中，经常面临的问题是已经测得一个核酸序列片段，或一个由核酸序列翻译得到的蛋白质序列片段，而尚无注释信息。此时，数据库搜索就成了确定对该序列进一步分析研究的有效方法。为了识别一个新测定的序列和一个已知基因家族之间的进化关系，确定它们是否具有同源性，通常需要通过序列比对，找出它们之间核苷酸碱基或氨基酸残基的最大匹配，从而定量给出其相似性程度。如果两者相似性程度很低，则很难确定它们是否具有同源性，除非使用系统发育分析等其他方法，或有实验结果加以证实。

2. 成对序列比较

蛋白质和 DNA 的成对序列比较是生物信息学的基础操作之一。进行成对序列比较的目的就是寻找序列之间的相似性，以此为基础进行下一步的分析，包括一个新序列的功能分配、模式蛋白质结构的预测与设计以及基因表达实验的设计与分析。由于生物经历了长期的自然选择，在分子水平上来讲，越保守的序列表明其功能越重要。不会为每一个新的种系创造一个新的生物化学性质，新的功能特性也不会由全新基因的突然出现而创造出来。事实上，不断的修改可导致遗传多样性及新功能的产生，也就是说，相似的序列可能具有相似的功能。

在进行可比较的核酸或蛋白质序列的陈述之前，序列比对是必须要做的前期工作。选择一个最佳的序列比对的基本概念很简单，但涉及的算法灵敏度必须要很高。两个序列可以任意的方式相匹配，将匹配的质量进行记分。然后，一个序列可以与另外一个进行匹配，并再次对匹配进行记分，直到最佳记分的比对出现。如果使用基本局部比对搜索工具(basic local alignment search tool, BLAST)进行序列比对，不一定能得到最佳序列比对，原因在于 BLAST 的算法使得其进行序列比对时速度很快，但却牺牲了灵敏度。

在原则上听起来简单的东西在实际上并不简单。比如，一个人从起点环绕地球一周，最后就会回到起点。听起来很简单，但完成这件事情也不容易。通过肉眼完成序列比对在序列较短的情况下是可以的。但如果比对的序列太长，花费的时间会很多。很显然，要从大量的序列比对结果中查找出最佳比对，就需要发挥和利用计算机的优势，通过自动化方法来完成这项任务。

在进行序列比对时，我们会遇到序列一致性(sequence identity)、序列相似性(sequence similarity)等问题。无论是 DNA 或是蛋白质，如果两个比对的序列在相同的位置具有完全相同的碱基或者氨基酸，就意味着序列相同。而序列相似是一个具有统计学含义的概念，就是在相同的位置出现一样的残基(碱基或氨基酸)的概率。只有当根据发生的概率，对可能的代替进行记分才是有意义的。在蛋白质序列中，具有相似化学性质的氨基酸与不相似的氨基酸相比，更容易相互替换。这些倾向用序列比对的打分矩阵(scoring matrix)来表示。在两个氨基酸中，如果一个氨基酸被另一个替换，一个记分的矩阵中具有一正值的优势记分，就认为两个氨基酸具有相似性。

序列同源性(sequence homology)用于描述序列之间进化上的相关性，通常用百分数来表示。序列同源性是以进化为基础，指两个序列来源于同一个共同祖先序列。术语"相似性"和"同源性"在描述序列时经常相互替换，但是，严格地讲，两者的含义不同。相似性指的是两个序列中存在相同和相似的位点，而同源性强烈说明两个序列具有相同的祖先。一个演员与其替身长得很像，但他们没有亲缘关系，这就是相似性。而双胞胎兄弟长得很像，且有亲缘关系，这就是同源性。

在评估一个序列比对时，想真正了解的一个给定的比对是随机的还是有意义的，如果比对是有意义的，可以通过建立一个打分矩阵，测量其有意义的程度。打分矩阵是描述残基(碱基或氨基酸)在核酸或蛋白质序列比对中出现的概率值的表。在打分矩阵中的值是两种概率比值的对数，一个是在序列比对中残基随机发生的概率，这个值指出每个碱基或氨基酸独立出现的概率。另一个是在序列比对中，出现一对有意义的残基的概率。这些概率来源于已知有效的真实的序列比对样本。对于进行比对的残基，如果有意义的概率大，有意义的概率与随机发生的概率之比应该大于 1，其对数值大于 0，为正值；比对没有意义的概率越大，有意义的概率与随机发生的概率之比应该小于 1，其对数值小于 0，为负值。因此，用这种方法对整个序列进行逐个残基的计分分析后，最终得到的加和比分越正，表明比对结果越有意义。

DNA 或者 RNA 序列的碱基的替代矩阵非常简单。默认情况下，序列比对程序 BLAST 使用为匹配指定一个标准的奖分、为不匹配指定标准罚分的策略，而不关心碱基的所有概率。在大多数的情况下，有理由推测 A∶T 及 G∶C 以大致相同的比例分布。然而，氨基酸的替代矩阵是非常复杂的，因为它们反映了氨基酸的化学性质及出现的概率。常用的替代矩阵包括 BLOSUM 矩阵和点接受突变

(point accepted mutation，PAM)矩阵。BLOSUM 矩阵来源于 BLOCKS 数据库，一个没有空位的家族相关蛋白质的序列区域的比对集。聚类方法是将每一块中的序列分类为密切相关的组，在一个家族之内的序列之间替代的概率来源于有意义替代的概率。与 BLOSUM 相关的值(如 62)代表骤类步骤的分界值，值 62 表示如果序列有多于 62%相同的话，序列将被放入同一类。BLOSUM62 对于没有空位的序列比对是标准的矩阵，而当产生具有空位的序列比对时，一般使用 BLOSUM50。PAM 矩阵根据相近关系序列比对的进化模型来测量。一个 PAM 单位等于在所有氨基酸位置中的平均变化是 1%，以 PAM250 最为常用。对检测有生物学意义的相似性方面，BLOSUM 矩阵比 PAM 矩阵表现更好一些。

序列比对分析时，为了反映核酸或氨基酸的插入或缺失等，插入空位并进行罚分，以控制空位插入的合理性。大多数算法使用空位罚分来代表在比对中加入一个空位的有效性。空位罚分是为了补偿插入和缺失对序列相似性的影响，但空位罚分缺乏理论依据而更多的带有主观特色。空位罚分一般包括空位开放罚分和空位扩展罚分，空位罚分的开放比相关的扩展花费要多得多。

3. 局部比对

最通用的序列比对工具依赖于局部比对(local alignment)策略。前面讨论的全长比对策略假定要比对的两个序列是已知的，而且对全长进行比对。然而，在进行序列比对时经常遇到的情况是，用一个序列在序列数据库中寻找未知序列；或者是在一个很长的 DNA 序列，如基因组的一部分中，寻找与查询序列相匹配的部分。在确实具有进化相关性，但是彼此多样性比较明显的蛋白质或基因序列中，短的同源性序列片段可能是保留下来的序列同源性的所有证据。执行两个序列的局部比对的动态规划算法称为 Smith-Waterman 算法。该算法是 1981 年坦普尔·F. 史密斯和迈克尔·S. 沃特曼提出的一种用来寻找并比较具有局部相似性区域的动态规划算法，很多后来的算法都是在该算法的基础上发展起来的。1942 年，沃特曼生于美国俄勒冈州西部的牧场，童年时代枯燥无味的牧场生活使得沃特曼立志要考取大学以逃离农场生活，但后来因为没有找到一份稳定的工作，只好考取博士。他的导师约翰·R. 金尼(John R. Kinney)，给了一个数论分支来作为他的博士论文课题。后来，沃特曼认识了史密斯，在 Los Alamas 国家实验室与他在一个办公室工作了两个月，研究联配和进化问题，最终给出了解决问题的算法。后来就以它的创造者史密斯及沃特曼对该算法命名，除了通过矩阵跟踪时允许一个附加的选择之外，这个算法与 Needleman-Wunsch 算法相似。局部比对的优点在于不需要对进行比对的两个序列从头到尾进行彻底的比对分析。如果在序列中到某点的累积积分达到负值的话，应该抛弃这个比对，并开始一个新的比对。

Smith-Waterman 算法最常用于数据库搜索是由 SSEARCH 程序实现的，该程序是 FASTA 程序的一部分。LALIGN 也是 FASTA 程序的一部分，基于 Smith-

Waterman 算法可实现两个序列比对。Smith-Waterman 算法把两条未知的序列进行排列，通过字母的匹配删除和插入操作，使得两条序列达到同样长度，并在操作的过程中，尽可能保持相同的字母对应在同一个位置。当两条序列进行比对时，找出待比对序列中的某一子片段的最优比对，这种比对方法可能会揭示部分原本被一些完全不相关的残基所淹没的匹配的序列段。

Smith-Waterman 算法主要分两步：计算得分矩阵和寻找最佳相似片段对。得到得分矩阵以后，用动态规划回溯的方法找到局部最大相似片段对：先找到得分矩阵中最大的元素，然后按照元素原路径往前回溯，直到回溯到 0 时停止。Smith-Waterman 算法已经在一些专用计算机系统上实现，如具有大规模并行运算功能的巨型机上运行的 MPSrch 程序。但是这些系统造价相当昂贵，并且随着计算机硬件的迅速发展和更新而被淘汰。显然，运行速度无疑是数据库搜索时需要考虑的。

数据库搜索程序的运行速度与检测序列长度、数据库大小密切相关。FASTA 和 BLAST 是目前最常用的基于局部相似性数据库搜索程序，它们都基于查找完全匹配的短小序列片段，并将它们延伸，得到较长的相似性匹配。它们的优势在于运行速度较快，可以在普通计算机上运行。BLAST 算法由 Altschul 等于 1990 年提出，在许多计算机系统上均可运行，且速度很快，很早在 Unix 系统下实现了并行化，是数据库搜索中最为流行的工具。

BLAST 算法本身很简单，它的基本要点是序列片段对(segment pair)的概念。序列片段对是指两个给定序列中的一对子序列，它们的长度相等，且可以形成无空位的完全匹配。BLAST 算法首先找出待检序列和目标序列间所有匹配程度超过一定阈值，延伸得到一定长度的相似性片段，称高分值片段对(high-scoring pairs，HSPs)，这就是无空位的 BLAST 算法的基础，也是 BLAST 输出结果的特征。BLAST 输出结果中共有 4 个高分值片段对。与 FASTA 类似，BLAST 输出结果会列出程序名称、版本号和文献出处。接下来列出待检序列名称和数据库名称。紧接着就是搜索结果，与 FASTA 一样，先列出目标序列，其数目可由用户定义。搜索结果概要后则是依照用户要求所列出的待检序列和目标序列间无空位高分值片段对的比对结果。和 FASTA 一样，用户可以选择列出序列的数目，或者不列出比对详细结果。对于每一个高分值片段对，都列出它们的起始和终止位点在序列中的绝对位置，检测序列和目标序列间相同匹配要用相应的氨基酸代码表示。

最初的 BLAST 程序只能用于无空位的比对。经验表明，比对结果通常会出现一些无空位但不连续的区域，前 10 个目标序列的高分值片段对都不止一个。不难想象，这些高分值片段对可以通过一些相似性较低且有空位的片段连接起来，组成一些更长的或许更具实际生物学意义的比对。基于上述思路，BLAST 算法经过改进允许空位插入。为缩短对数据库初始搜索的时间，新算法只找出一个最好的高分值片段，并以此为基础运用动态规划方法将这一片段向两端延伸，最终产生的比对结果可能有空位插入。由于免去了查找所有高分值片段对的步骤，新算法比原算法快 3 倍。

BLAST 可以在几分钟之内进行上百个甚至上千个序列比较。在几个小时之内，一个查询序列可以与整个数据库进行比较，以找到所有相似的序列。由于 BLAST 这个功能的实现，使它变得非常流行，以至于在计算生物学社区，"BLAST"已成为一个动词，如"I BLASTed this sequence against GenBank and came up with three matches（我使用 BLAST 在 GenBank 中搜索出三个匹配的序列）"。

为了便于判断比对的序列是否具有相关性，需要设置一个序列相似性阈值，如果低于这个阈值水平，那么进行比较的序列就没有相关性，意味着序列之间在进化上没有关联，是随机出现的序列。但这里的相似性是针对序列而言的，对于蛋白质来讲，还有一个结构相似性的概念。序列相似性和结构相似性对于判断两个蛋白质之间是否存在相关性，是重要的参考数据。对一般长度的蛋白质序列来说，如果低于 25%的序列相似性，而且结构相似性很差，可以认为比较的两个蛋白质序列没有相关性。如果序列相似性低的蛋白质仍被认为具有序列相关性，那么需要进一步进行结构分析来证明是否存在序列相关性。如果进行比对的蛋白质序列其结构还不能确定，具有低相似性的序列则被认为是不存在相关性的，但是其原因也许是序列之间进化的距离太远，以至于这种关系不能被检测出来。

局部序列比对的另一个试探方法是 FASTA 算法。FASTA 算法比 BLAST 算法出现得还早，是第一个广泛使用的数据库相似性搜索程序。1988 年弗吉尼亚大学（University of Virginia）的戴维·李普曼（David Lipman）和威廉·皮尔逊（William Pearson）发表了著名的序列比较算法 FASTA，现在仍由皮尔逊博士进行维护。与 BLAST 一样，FASTA 可以作为 Web 服务，也可进行下载安装。

FASTA 首先搜索查询序列及序列数据库中均出现的短序列（称为 ktup）。然后，算法使用 BLOSUM50 矩阵对 10 个包含最相似的没有空位的 ktup 比对记分。检测这些没有空位序列的比对的分数不低于一个阈值时，并入一个有空位的序列的比对的能力。对于那些分值在阈值以上的序列比对进行并入，对那段区域的最佳局部比对进行计算并报告比对分数（称为最佳分数）。FASTA 所使用的短序列 ktup 比 BLAST 所使用的 word 要短，对蛋白质来说通常为 1 或 2，对核酸来说为 4 或 6，FASTA 使用低 ktup 值进行搜索时其速度变得缓慢，但是其敏感度却很高，如果使用高 ktup 值进行搜索，虽然可以大大提高搜索速度，却降低了敏感度。在速度和敏感度之间权衡选择依赖于 ktup 参数，增大 ktup 参数就会减少字串命中的数目，也就会减少所需要的最佳搜索的数目和搜索的速度。

FASTA 程序包括与主要的 BLAST 程序模式相似的搜索程序，也包括全局、局部比对及其他有用功能的程序，但是不包括 PHI-BLAST 及 PSI-BLAST。FASTA 程序都很容易在 Linux 系统中进行编译。FASTA 程序采用渐进算法将位于同一对角线上相互接近的短片段连接起来，通过比较两个序列中短片段及其相对位置，可以构成一个动态规划矩阵的对角线方向上的一些匹配片段。这就意味着，FASTA 的输出结果中允许出现不匹配残基，这和 BLAST 程序中高分片段类似，如果匹配区域很多，FASTA 利用动态规划算法在这些匹配区域间插入空位。

5. 序列分析的多功能工具

基于 Web 界面的序列工具包已被多个研究团体及公司使用，具有整合序列工具、公共数据库以及保存使用者数据记录等功能。如果想要搜索一个或几个序列的匹配情况，而且想要搜索标准的公共数据库，使用这些工具包可节省许多时间，同时可以提供大多数功能特性。NCBI 的 SEALS 计划旨在为大量序列的系统分析开发一个以 Perl 语言为基础的命令行环境。SEALS 不是一个完全自动化的基因组分析工具，由多种带有各种有用功能的脚本语言组成，能强化 Unix 系统中的命令行环境，具有转换文件格式、对 BLAST 结果及 FASTA 文件进行操作、数据库检索、将文件管道输送进 Netscape，以及在不需要吸取资源的 GUI 中，使数据更容易读取等功能特性。SEALS 是在 Unix 系统上运行的，这可能对那些 Unix 爱好者最有用。在写脚本语言来分析大量的序列之前，应检查一下分析过程是否能在 SEALS 中实现。

圣迭戈超级计算中心(San Diego Supercomputer Center，SDSC)通过生物学工作台(biology workbench)提供进入序列分析工具的入口。自从 1995 年以来，这个资源一直以不同的形式为学术研究人员提供免费服务。生物学工作台提供大约 40 个主要的序列数据库，以及对超过 25 个全部基因组进行以关键词和序列为基础的搜索，还包括 BLAST、FASTA、几个局部或全局比对工具、DNA 序列翻译工具、蛋白质序列特征分析工具、多序列比对工具及系统进化树绘制工具等。但工作台没有实现简图的工具，如 MEME、HMMer，也没有序列日志工具，尽管在序列搜索时可使用 PSI-BLAST。

生物学工作台的界面有些复杂，包括许多擦动窗口以及需要点击的按钮，但是它仍旧是以 Web 为基础的、应用最广泛和最方便的工具箱。它主要的好处之一是可以接受和翻译多种序列文件格式。工作台的用户从来不用担心文件的兼容性问题，可以从以关键词为基础的数据库搜索无缝转移至以序列为基础的搜索、多序列比对及种系发育分析。

1.4.6　多序列比对

多序列比对有时用来区分一组序列之间的差异，但其主要用途是用于描述一组序列之间的相似性关系，以便对一个基因家族的特征有一个基本了解。与双序列比对一样，多序列比对的方法是建立在某个数学或生物学模型之上的。因此，正如我们不能对双序列比对的结果得出"正确或错误"的简单结论一样，多序列比对的结果也没有绝对正确和绝对错误之分,而只要判断所使用的模型在多大程度上反映了序列之间的相似性关系以及它们的生物学特征。

显然,多序列比对需要使用许多专门的分析工具。除了一些已经广泛使用并仍在不断改进的计算机程序外,还需要开发方便实用的多序列比对的手工编辑工具。可以从多个不同角度出发构建多序列比对模型,主要指建立比对模型的生物学基础,而不仅是具体的比对方法,如自动比对或手动比对等。目前,构建多序列比对模型的方法大体可以分为两大类:一类方法是基于氨基酸残基的相似性,如物化性质、残基之间的可突变性等;另一类方法则主要利用蛋白质分子的二级结构和三级结构信息,即根据序列的高级结构特征帮助确定比对结果。显然,这两种方法所得结果可能有很大差异。一般来说,很难判断哪种方法所得结果一定正确,它们都从不同角度反映了蛋白质序列中所包含的生物学信息。无论是基于序列信息或基于结构信息建立多序列比对模型,都有不可避免的局限性,因为这两种方法都不能完全反映蛋白质分子携带的全部信息。按照分子生物学的中心法则,蛋白质序列是经过 DNA 序列转录翻译得到的。从信息论角度看,蛋白质序列所携带的信息应该比 DNA 分子更为"接近"实际发生的遗传事件,也就是说蛋白质的信息更可靠;而蛋白质结构除了序列本身带来的信息外,还包括经过翻译后加工修饰所增加的蛋白质结构。因此,完全基于序列数据的比对方法并未受到广泛认可。显然,结构数据对于序列比对有很大帮助,但蛋白质结构数据很有限,目前还不能够满足序列比对的需要。在大多数情况下,我们无法获得结构数据,因此在建立多序列比对模型时,只能依靠序列相似性和一些生物化学特征。

多序列比对的最终结果可以用一个共有序列表示,有时也称之为假想序列(pseudo-sequence),通常会将共有序列放在最底层。共有序列的残基是由对应的同一列残基归纳而得到。多序列比对结果还可以用权重矩阵来表示,如序列谱方法。BLOCKS 数据库则是找出比对结果中没有空位出现的保守模块,并把它们转化成位置特异性分数矩阵;而 PRINTS 数据库则用人工方法从比对结果中找出所有没有空位的序列模体,其长度一般较短,并依次建立一个非加权的分数矩阵。

多序列比对的计算量相当可观,随着序列数量的增加,序列比对的算法复杂性按指数规律增长。降低算法复杂性,是多序列比对的一个重要研究方向。为此,产生了不少很有实用价值的多序列比对算法。这些算法的特点是利用启发式算法降低算法复杂性,以获得一个较为满意但并不一定是最优的比对结果,用来找出子序列、构建进化树、查找保守序列或序列模板,以及进行聚类(clustering)分析等。有的算法将动态规划算法和启发式算法结合起来,例如,对所有序列进行两两比对、将所有序列与某个特定序列进行比对、根据某种给定的亲缘树进行分组比对等。必须指出,上述方法求得的结果通常不是最优解,至少需要经过 $n-1$ 次双序列比对,其中 n 为参与比对的序列个数。

手工比对方法在文献中经常看到。因为难免加入一些主观因素,手工比对通常被认为有很大的随意性。其实,即使用计算机程序进行自动比对,所得结果中的片面性也不能被忽视。在运行经过测试并且具有较高可信度的计算机程序基础上,结合实验结果或文献资料,对多序列比对结果进行手工修饰是非常必要的。

多序列比对软件已经有很多,其中一些也带有编辑程序,但最好是能将自动比对程序和编辑器整合在一起。为了便于进行交互式手工比对,通常使用不同颜色表示具有不同特征的残基,以帮助判别序列之间的相似性,颜色的选择十分重要,颜色选择得当,就能从序列比对结果中迅速找到某些重要的结构模式和功能位点。多序列比对程序的另一个重要用途是定量估计序列间的关系,并由此推断它们在进化中的亲缘关系。

多序列比对的意义在于其能够把不同种属相关序列的比对结果按照特定的格式输出,并且在一定程度上反映它们之间的相似性。多序列比对结果所提供的信息对于提高数据库搜索灵敏度也具有很大帮助。因此,方便实用的多序列比对数据库也应运而生。互联网上可用的多序列比对数据库已经不少。其中一些利用计算机程序将一次数据库按家族分类,另外一些则是通过手工或自动方法根据基因家族构建二次数据库。一般说来,对待检序列通常先进行基于双序列比对的数据库搜索。若搜索结果给出已知基因家族的某些信息,或没有给出相似性程度较高的目标序列,则可尝试基于多序列比对的数据库搜索方案,其目的在于找出那些相似性程度较低而又有生物学意义的目标序列。

多序列比对是生物信息学中最重要和最具挑战性的任务之一,也是生物信息学研究热点之一,通过多序列比对可以挖掘生物序列中的结构、进化和功能等信息,多序列比对也是一个 NP 完全组合优化难题。自然启发式算法作为一类适用于求解 NP 难题的优化算法,具有精度高、对度量标准不敏感等优势,相关研究成果颇丰。如 Gupta 等提出的基于遗传算法的多序列比对方法(简称 MSA-GA);Gao 等提出的基于惯性权重粒子群优化算法;Tsvetanov 等提出的基于改进蚁群算法的多序列比对方法;Öztürk 等提出的基于新人工蜂群算法的多序列比对方法;Zhu 等提出的基于分解的多目标进化算法的多序列比对方法。也有学者采用两种算法混合来解决多序列比对问题,如 Liu 等提出利用隐马尔可夫模型(hidden Markov models,HMM)和后验概率分配函数进行多序列比对(简称 MSAProbs);Rani 等提出了基于遗传和人工蜂群混合算法(GA-ABC)和多目标细菌觅食优化算法(MO-BFO)应用于多序列比对;Sun 等提出了一种基于量子粒子群优化和隐马尔可夫模型的多序列比对算法;Rubio-Largo 等结合多目标和进化启发式算法,提出了一种基于混合蛙跳算法的多序列比对方法。Zambrano-Vega 等进行了基于多目标启发式算法的多序列比对方法的比较研究,并对这些启发式方法进行了综述和比较等研究。Karaboga 于 2005 年提出人工蜂群算法(artificial bee colony,ABC),这种基于群智能的算法,具有全局探索能力强、控制参数少、收敛速度快和鲁棒性强等优势,被广泛应用于求解复杂优化问题,但当其接近全局最优解时,种群多样性减少，搜索速度变慢，甚至易陷入局部最优，因此衍生了很多改进算法和应用。

多序列比对是生物信息学及计算分子生物学中的一个重要问题，是基因识别、蛋白质结构预测、生物进化树构建、基因组信息分析等问题中用到的一个基本操作。通过序列比对可以探索生物序列中所包含的功能、结构和进化信息。在生物信息学中，假设我们已经发现一个基因并且知道它的功能，我们可以将它与基因组数据库中所有的序列片段进行比对，如果某个序列与该基因很相似，则它们的功能可能也相似，并且它们可能是同源序列。通过同源序列的多重比对能够发现与功能相关的保守序列片段，对于一系列同源蛋白质，人们希望研究隐含在蛋白质序列中的系统发育关系，以便更好地理解这些蛋白质的进化。在实际研究中，生物学家着重于研究相关蛋白质序列中的保守区域，进而分析蛋白质的结构和功能。所以要发现多个序列的共性，必须同时比对多条同源序列。

序列比对也可以用来发现遗传疾病的病因。我们可以将一些健康者的基因序列与一些疾病患者的基因序列进行比对，如果疾病患者的基因都有共同的某种变异，而没有一个健康者的基因含有这种变异，则这种变异是该疾病的病因。通过多序列比对可以得到一个序列家族的序列特征。当给定一个新序列时，根据序列特征可以判断序列是否属于该家族。进行多序列比对后，可以对比对结果进行进一步处理，如构建序列的特征模式、将序列聚类构建分子进化树等。总之，序列比对是生物信息学中一个非常重要的基本操作。

多序列比对问题本身十分复杂，使用精确的比对方法解决多序列比对问题是不实际的，如基于动态规划的 Needleman-Wunsch 算法。因此，一些智能解决方法应用于该领域中，并取得了不错的结果。20 世纪 90 年代以来，一些新颖的智能优化算法，如遗传算法(genetic algorithm, GA)、图搜索算法、模拟退火(simulated annealing, SA)算法、禁忌搜索(tabu search)算法及其混合优化算法等，被应用于解决多序列比对问题。在优化领域，这些算法因其构造的直观性与自然机理，通常被称为智能优化算法(intelligent optimization algorithms)或现代启发式算法(meta-heuristic algorithms)。由于多序列比对问题本身十分复杂，特别是对于一些序列较长、条数较多的情况，在这些算法应用中也遇到一些时间过长或准确性不高的问题。多序列比对问题对算法的性能要求比较高，因此，寻求一种更加高效的解决方法，是该类方法面临的问题。

为了解决这一问题，近年来，研究者将目光投向了量子物理学中的量子计算。近年来提出的基于量子遗传算法的多序列比对算法、基于进化算法和量子计算的多序列比对方法、利用量子粒子群优化算法训练隐马尔可夫模型的生物多序列比对算法等都是利用了量子计算的优势来尝试解决多序列比对问题。1982 年，物理学家理查德·P. 费曼(Richard P. Feynman)曾试图用传统的数字计算机模拟量子力学对象的行为，但令他难以置信的是量子力学系统的行为通常很难解。以光的干涉现象为例，在干涉过程中，相互作用的光子每增加一个，有可能发生的情况就会呈指数增加，因此用计算机模拟的计算量大得惊人。但在费曼看来，这是一个难得的契机。费曼推断，如果算出干涉实验中发生的现象需要大量的计算，那么搭建这样一个实验，测量其结果，不就恰好相当于完成了一个复杂的计算吗？因此，只要在计算机运行过程中，允许在真实的量子力学对象上完成实验，并把实验结果整合到计算中去，就可以获得远超出传统计算机的运算速度。

目前，量子计算在解决一些数学问题时，显示出了超凡的能力。费曼曾告诉学生，使用量子计算机时，不需要考虑计算是如何实现的。费曼的话带有很强的工具主义情结，但英国牛津大学的教授戴维·多伊奇(David Deutsch)却不满足于把量子计算过程看成是黑箱，他要对此寻求解释。多伊奇在他的著作《真实世界的脉络》中对量子计算及其蕴含的哲学意义进行了详尽而系统的阐述。也有人认为，量子计算实际上是在操纵薛定谔的猫，在未打开薛定谔的箱子之前，都无法确认猫的死活。正是利用量子态的叠加，才大大提升了计算能力。薛定谔的量子猫对于思维的启发，促进了研究者对人工智能的改造和升级。人工智能的进展层出不穷，令人振奋。但目前还只是在特定问题、特定任务上表现出色，距离设想中的强人工智能或者类人智能还有很大的差距。蒙特卡洛(Monte Carlo)搜索、聚类、神经网络等传统的、机器学习的深度学习算法，本质还是属于传统架构上的算法，无法与成就了 AlhphaGo 和 Watson 机器人的超级算法相比。尽管神经网络之类的黑箱算法程序已经无从得知机器经过训练后的决策依据，但它依然是遵循着算法在进行"运算"，与人类具有主观意识的"思考"仍相差甚远。费曼提出，量子计算是对大自然的模拟，人类想制造出接近人类智能水平的机器，需要模拟人类自己的大脑。

1.4.7 二次数据库搜索

我们知道，一次数据库搜索技术已经相当成熟，已经有了 BLAST 等功能完善的搜索工具。算法也在不断发展，如产生 PSI-BLAST 等新算法。那么，为什么还要进行二次数据库搜索呢？二次数据库搜索的意义何在？众所周知，一次数据库的容量正以惊人的速率增长，从浩如烟海的一次数据库中找到未知序列和已知序列的相似关系，从而推断未知序列的性质和特征，是对生物信息学的挑战。

一次数据库搜索可以有效确定序列之间的相似性，但是对搜索结果的分析往往相当困难，很难搞清搜索结果所代表的生物学意义。造成这种情况的原因很多，例如，1998 年 GenBank 中存储了超过 100 万个序列，这些序列来自 18000 种不同的生物，搜索结果必然异常复杂而且包含大量冗余信息。如果不使用一定的屏蔽手段，BLAST 搜索结果会充斥大量重复序列的匹配。一些短的重复序列片段和测序过程中常用的载体序列会对搜索结果的分析产生干扰。此外，对于多结构域的蛋白质，从搜索结果很难判断是在单个结构域上的匹配还是在多个结构域上的匹配，或者是全局水平上的匹配。而且，BLAST 搜索结果只注明目标序列的匹配部分，并不能提供该序列的全部信息，有时甚至得出模棱两可的结果，对用户产生误导。由于一次数据库容量和冗余数据的不断增加，两个本来是直系同源序列之间的相似性分值可能反而低于不属于同一基因家族的序列之间的相似性分值。也就是说，相关序列可能因此无法得到高的相似性分值。考虑到基因之间在种系发生上的联系，基因的直系进化可以从另一个方面为序列研究提供某些重要信息。由此得到启发，不妨将序列分析的重点从简单的同源性推断转移到更加严格的直系进化的识别上来，各种二次数据库搜索和分析方法也相继产生。这一新的研究方向具有很大的实用价值。利用各种二次数据库分析方法，可以详细阐明序列间的关系，包括超家族、家族、亚家族和种属特异等不同水平上的关系。这种新的提取序列内在信息的能力，使二次数据库搜索成为常规的一次数据库搜索的强有力补充。

开发二次数据库的基本原理是利用多序列比对结果寻找保守的序列模体，而这些序列模体可以体现组成序列的结构特征或功能特征。这些保守的序列模体，或者经过比对的整个序列，都可以用来构造标识基因家族或功能的特征信号，从而用来识别新的未知序列。导出基因家族特征有许多不同方法，这些方法大大促进了各种二次数据库的发展。二次数据库搜索可以利用基于模式识别的方法和序列谱方法，以及用隐马尔可夫模型从序列比对中提取信息的全局比对方法。

1.4.8 常见的生物信息学分析软件

1. AAT

分析和标注工具(analysis and annotation tool，AAT)通过对蛋白质和 cDNA 文库中的序列进行比较来鉴定 DNA 序列中的基因。AAT 包括两个程序对，第一个程序对使用两个叫 DPS 和 NAP 的程序对需要查询的 DNA 序列和蛋白质数据库进行比较；第二个程序对由 DDS 和 GAP 组成，用来对拟查询的 DNA 序列和 cDNA 文库进行比较。AAT 的另外一个功能是对 DNA 序列提供自动注解帮助。

2. MZEF

MZEF 是内部编码外显子预测程序，它使用二次方程判别分析的方法来达到判断外显子和假外显子。这种方法是早期线性判别分析中统计学模式识别概念的延伸，可以更为精确地判断外显子和假外显子的分割界线。

3. GenScan

GenScan 是由美国麻省理工学院的克里斯·伯奇(Chris Burge)和塞缪尔·卡林(Samuel Karlin)于 1997 年开发的,基于广义隐马尔可夫模型(general hidden Markov model, GHMM)的人类及脊椎动物基因预测软件。它不依赖于已有的蛋白质数据库,是一种"从头预测"的软件。目前还开发了适用于果蝇、拟南芥和玉米的专用版本,对于其他物种可以先采用相近的物种版本来预测。

GenScan 最早是用于构建人类基因组序列的基因结构的概率模型,随后此模型用于基因的预测上。该模型可以预测外显子、内含子、剪接位点、启动子和 PolyA 加尾信号。

4. Genie

一个 GHMM 在每个隐藏的马尔可夫链状态下足以产生 DNA 序列的亚序列。在每个 GHMM 状态下产生亚序列的模型非常复杂,对另一个隐马尔可夫模型也同样如此。在 Genie 中,每个组分都单独设计和测试,然后再组合形成一个模系统(modular system),在测试设置中内含子和外显子的长度分布可以用来了解在 GHMM 状态下产生的字串的平均长度和可变性。

5. GeneFinder

GeneFinder 是一组工具软件,可以从美国贝勒医学院(Baylor College of Medicine)获得。这些对人类基因组进行基因鉴定的软件包括:Fgeneh(用来预测基因结构)、Fexh(用来预测 5′、内部序列、3′外显子)、Hspl(用来预测剪接位点)和 Hexon(用来预测内部外显子)。其中,Fgeneh 是由英国 Sanger 研究中心的 Asaf 和 Victor 于 2000 年开发的基于 GHMM 的真核生物基因预测软件,在预测准确性和运行速度上比以往的预测软件(如 GenScan)有了很大的提高。

6. GeneParser

GeneParser 可以在给定的序列中找到特殊的特征,随后进行动态规划来得到符合其功能的最可能的构造,特别是在未知的 DNA 中搜索局部的剪接位点,还可以估计密码子的使用等。该软件利用人工神经网络(artificial neural network, ANN)来判断每个亚内部序列是否是内含子、第一个外显子、内部外显子和最后一个外显子,然后应用动态规划算法对每个分类的亚内部序列进行计算,以获得该基因模式总体最大的可能性。

7. GeneLang

GeneLang 是一个基于语言学的识别系统,它使用基于计算机语言的工具和技巧来寻找基因和其他在生物数据库中高度有序的特征。该系统使用由 4 个 DNA

字母组成的文字来表述基因的供体和受体位点、内含子和外显子、起始和终止密码子等。

8. Grail

Grail 基因鉴定系统使用神经网络来识别基因,在这个神经网络中的 Grail1、Grail1a 和 Grail2 将从许多编码预测器中得到的数据组合起来。这三个软件可以识别人类 DNA 序列上的编码区域,对于其他的生物体特别是哺乳动物仍运行良好。

9. TwinScan

TwinScan 是由华盛顿大学开发的用于真核生物基因结构预测的软件,通过基因组序列的比较来预测基因,比 GenScan 要准确。TwinScan 用于预测基因结构及进化上的保守性,曾用于哺乳动物、拟南芥、线虫、酵母菌等的分析。

10. BGF

BGF(Beijing Gene Finder)是由中国科学院北京基因组研究所的刘劲松和叙昭等开发,是基于 GHMM 和动态规划算法的基因预测软件。BGF 与 GenScan 类似,但有许多改进,在预测准确性、内存使用以及运行速度方面都获得了显著提高,曾被用于水稻、家蚕、家鸡等物种的基因组注释。

第 2 章 生物医学的变革

2.1 个体基因组时代即将来临

2.1.1 寻找人类遗传疾病的根源

人类的历史，就是一部与疾病斗争的历史。在早期的人类疾病中，以病原体导致的流行疾病为主，如天花、流感和鼠疫等，由于当时人们对医学知识的欠缺，每次疾病大流行都会造成大量的人死亡。随着医学的发展，人类对许多疾病有了效果较好的治疗方法，如接种牛痘疫苗来预防天花。因此，现在许多由病原体引起的疾病，已经不是棘手的医学问题。但人类对遗传疾病的认识较晚，对这类疾病的治疗，还缺乏有效的手段。加强对遗传疾病的认识，有助于战胜这类疾病。

人们早就发现，有些遗传性状的出现具有家族性，如德意志封建统治家族的哈布斯堡唇、19 世纪英国王室家族的血友病等，由于皇室家族对疾病有详细记载而被人们所认识。所谓"哈布斯堡唇"是一种前突畸形（mandibular prognathism）的遗传疾病，患者下颌生长比上颌快，下颌突出导致其上下颌不完全吻合，会出现咀嚼困难。哈布斯堡家族通过联姻不断扩大其帝国领土，同时也使这种遗传疾病在各国皇室家族中传播。

英国历史上的维多利亚女王，一生政绩辉煌，她所统治的时代被称为"维多利亚时代"，其膝下众多子孙皆嫁娶欧洲各国王子公主，后代遍布欧洲各国王室，因此也被尊称为"欧洲王室老祖母"。女王陛下虽然权势滔天，但她却是这个大家族流行血友病的肇端者。皇族间联姻使致病基因从英国王室传到了俄国、西班牙等欧洲王室，使血友病在欧洲得到了"皇家病"的尊称。正常人血液凝固的过程需要十几种"凝血因子"，血友病患者缺乏这些因子中的一种或数种，使血液凝固出现障碍而导致出血性疾病。血友病患者很可能因伤口流血不止而亡。甲型血友病就是由于基因异常而致凝血因子 VIII（抗血友病球蛋白）活性缺乏引起，故又称第 VIII 因子缺乏症或抗血友病球蛋白缺乏症。

以上列举了呈家族性流行的遗传病案例，下面对人类遗传疾病的分类做一个简单的介绍。人类遗传疾病可以分为三类。

（1）单基因病。目前发现的单基因病有 6500 余种，主要是指一对等位基因的突变导致的疾病，分为显性遗传和隐性遗传两种。如腺苷脱氨酶（ADA）缺乏症、CYP17 缺乏症、17β-脱氢酶缺乏症、5α-还原酶缺陷症、视网膜母细胞瘤、黑酸尿症。第 VIII 因子缺乏症就是单基因病。

(2) 多基因病。这类疾病涉及多个基因起作用，与单基因病不同的是这些基因没有显性和隐性的关系，每个基因只有微效累加的作用，因此同样的病不同的人由于可能涉及的致病基因数目上的不同，其病情严重程度、复发风险均可有明显的不同，且表现出家族聚集现象。多基因病除与遗传有关外，环境因素也有影响，故又称多因子病。很多疾病如哮喘、唇裂、精神分裂症、高血压、先天性心血管疾病、癫痫、糖尿病、肿瘤、遗传性近视、先天性青光眼等均为多基因病。

(3) 染色体病或染色体综合征。遗传物质的改变如果表现为染色体数目或结构上的改变，就会引起染色体病。由于染色体病累及的基因数目较多，故症状通常很严重，累及多器官、多系统的畸变和功能改变。如唐氏综合征、特纳氏综合征等均是由于染色体数目变异引起的疾病。脆性 X 染色体综合征则是由于 X 染色体异常引起的疾病。

人类复杂性状疾病是目前医学遗传学研究的热点和难题，其主要原因是其病因和分子机制较复杂，往往涉及多个基因位点，很难确定其致病基因。由于人类疾病相关基因表达的异常类似于数量性状，因此对于疾病基因的定位作图被认为是数量性状位点作图方法的延伸。近年来随着分子生物学的发展，基因芯片技术广泛用于临床诊断和基因表达数据分析，研究基因表达谱(gene expression profiling)，分析与表型性状相关的基因组控制位点。这种基于基因芯片数据分析的疾病位点定位作图被称为表达数量性状位点作图(expression quantitative trait loci mapping，eQTL mapping)，目前 Affymetrix 公司生产的 GeneChips 芯片已经用于 eQTL 作图。通过研究 cis-eQTL 和 trans-eQTL 与靶基因表达的调控关系，寻找 eQTL 的热点(hot spot)，构建遗传调控网络，并形成了称为遗传基因组学(genetical genomics，GG)的新领域。遗传基因组学的概念最早出现于 2001 年，由荷兰科学家 Jansen 和 Nap 在发表于 Trends in Genetics 期刊上的论文中提出。由于主要研究基因表达水平的调节控制，eQTL 作图也被称为转录组作图。目前遗传基因组学方法已用于一些模式生物如小鼠和大鼠中进行有关疾病模型的研究，希望结合微阵列与 eQTL 分析能发现人类复杂疾病的分子机制。遗传基因组学方法可用于确定与疾病相关的基因位点，为制定疾病的治疗策略提供了新的视角。

2.1.2 全基因组关联研究及存在的问题

在关联研究方法提出之前，人们主要利用连锁分析方法研究复杂性状疾病，发现疾病易感基因。但复杂性状疾病具有明显的遗传异质性、表型复杂性等特点，使得基于家系的全基因组连锁研究受到限制。1996 年，学者尼尔·里什(Neil J. Risch)和凯瑟琳·R. 梅里卡安加斯(Kathleen R. Merikangas)提出全基因组关联研究(GWAS)的概念，并用于常见复杂疾病的遗传学研究中。

随着 DNA 测序技术自动化程度和基因分型通量的日益提高，全世界多个国家的科研机构通过合作，相继完成了人类基因组计划和人类基因组单体型图 (HapMap) 计划，使人类对于生命本源的认识大大向前推进。HapMap 计划为研究者提供了将遗传多态位点 (高密度的遗传变异图谱) 与特定疾病/性状风险联系的相关信息，使得 GWAS 的应用成为可能，从根本上改变了基因研究的"蓝图"，为疾病预防和诊疗提供了新方法。

GWAS 广泛用于发现与特定疾病风险有关的遗传因子，以人群的全基因组分子标记扫描为基础。在过去的十来年，GWAS 方法已经证实了许多疾病相关变异，丰富了我们对复杂疾病的认识。尽管 GWAS 在遗传疾病的分析方面取得了许多成功，但仍然有许多我们至今无法解释的疾病发生机制。另外，GWAS 的最大缺陷是需要较大样本，而且遗传变异以及表型异质性也是限制因素。由于许多与人类疾病相关的遗传变异还未被认识，需要借助精细的全基因组测序来解决，如单核苷酸变异 (single nucleotide variants，SNVs) 或单核苷酸多态性、小的插入和缺失 (indels，1~1000bp) 和结构与基因组变异 (>1000bp)。此外，将 GWAS 和代谢组信息相结合的 mGWAS 能够同时分析遗传和环境因素对动态平衡的影响。以代谢组信息作为分子表型，可以发现以前未知的疾病与信号和代谢通路之间的关联。高通量测序技术以及各种组学技术如转录组、蛋白质组、外显子组、相互作用组、代谢组、表观遗传组以及生物信息学平台或工具的发展为分析分子相互作用与信号传导提供了有价值的信息，对认识疾病机制和制订新的治疗策略有很大帮助。

尽管如此，GWAS 在基因组中寻找复杂疾病的遗传因子并未获得满意的答案，还有很大一部分与复杂疾病表型有关的变异无法解释，这让人们开始质疑 GWAS 方法的效力。没有被认识的复杂疾病相关遗传因子，造成了"缺失遗传力"(missing heretability) 的现象。缺失遗传力可由一系列因素引起，包括上位互作效应、有限样本大小、遗传标记密度、稀有变异 (rare variants)、未检测到的拷贝数变异 (copy number variation，CNV) 以及过高估计的遗传力等。GWAS 在"缺失遗传力"面前显得束手无策。最近的研究结果表明，缺失遗传力是由于实际的遗传框架和采用的统计分析方法不匹配，导致过高估计而产生了"幻影遗传力"(ghost heretability)。例如，目前 80% 的克罗恩氏病缺失遗传力可能是由遗传相互作用引起，似乎这种疾病涉及三条通路的互作。简而言之，缺失遗传力不一定是由被忽略的变异引起，遗传相互作用也会使遗传力估计值明显偏高。而要成功解释缺失遗传力，只有利用临床数据、蛋白质组学、基因表达和代谢组学的生物标记去定义亚表型 (subphenotypes) [也称为深度表型分型 (deep phenotyping)]，并利用新的测序技术去分析疾病亚组中的变异，然后用以疾病为焦点的 GWAS 分析进行跟踪研究。

有害突变通常与疾病有关，在人类中会因为配偶选择而被剔出许多，因此后代中有害突变的比例只能维持在较低的水平。关于常见疾病的遗传基础有两个假说：一个是常见疾病常见变异假说(the common disease common variant，CDCV)，遗传变异有低的外显率但在群体中频率很高，这类变异与常见疾病的遗传背景有关；另一个是常见疾病稀有变异假说(the common disease rare variant，CDRV)，稀有变异有很强的外显率并与常见疾病相关。稀有变异一般是功能性等位基因产生的，比常见变异对疾病有更大的影响。而新的测序技术可以检测到在GWAS分析中遗漏的稀有变异。在过去几年的研究中，已经证实了基因组中的一系列SNPs，确认了约150多个常见变异与30多种常见疾病表型有强的关联。由于外显率很低，很难对心血管疾病、糖尿病或高血压等复杂疾病状态给出精确预测。

拷贝数变异有一系列重要意义。首先，拷贝数变异的存在表明个体的遗传编码并非双亲遗传贡献的简单累加。因为拷贝数变异是在精子和卵子产生过程中通过DNA不等交换产生的，患儿可能丢失或获得了额外拷贝的双亲遗传信息。其次，拷贝数变异的程度和疾病的关系使得人类遗传学家需要重新考虑人类疾病的范式。原来以为疾病是由于常见变异经过无数世代遗传的结果，但现在认识到，最近起源的大量稀有结构变异应该是常见疾病的遗传基础，如精神障碍、自闭症和精神分裂症。尽管这些结构变异很稀少，但可以解释较大比例的疾病遗传风险。

近年来，各国科学家开展了对不同疾病的GWAS分析，涉及肿瘤、心血管系统疾病、内分泌系统疾病、胃肠道疾病、肝脏疾病、眼科疾病、神经精神类疾病、风湿病、皮肤病以及感染性疾病等领域。GWAS在复杂性状疾病的研究方面取得了令人鼓舞的成绩，发现了大量复杂疾病/性状相关的易感基因；另外还发现，某些疾病存在共同的易感基因，提示不同疾病可能有着共同的发病机制，对后续的发病机制研究有所启示，也为未来的基因诊断和个体化治疗奠定了理论基础。近两年，我国的GWAS赶上了国际科学发展的步伐，一系列GWAS项目的成功实施和取得的突破性成果开辟了我国复杂性状疾病GWAS的新局面，为我国未来的复杂性状疾病研究提供了范例和经验。但GWAS发现的一些疾病相关变异多数位于基因非编码区，它们与疾病的相关性可能是通过与真正疾病相关变异的连锁不平衡(linkage disequilibrium，LD)而引起。因此，鉴定真正与疾病相关的易感基因和易感变异仍然任重道远，确定疾病易感基因的功能以及在疾病发生发展中的作用仍然需要更加深入的研究。

基于无关个体的研究设计分为病例对照研究(case-control study) 设计和基于随机人群的关联分析(population-based association analysis)设计。前者主要用来研究质量性状(是否患病)，而后者主要用来研究数量性状。根据研究设计的不同和研究表型的不同，采用的统计分析方法亦不同，如病例对照研究设计比较每个SNP的等位基因频率在病例和对照组中的差别，可采用四格表卡方检验，计算相对危险度OR值(odds ratio)及其95%的可信限，进而计算归因分数(attributable fraction，AF)和归因危险度(attributable risk，AR)。基于家系的关联研究优势之一是可避免人群混杂对关联分析的影响。当研究采用核心家系样本时，可采用传递不平衡检验(transmisstion disequilibrium test，TDT)分析遗传标记与疾病质量或数量表型的关联。TDT 的原理是分析某个等位基因从杂合子父母传递给患病孩子的概率是否高于预期值(50%)。TDT 分析的弱点是其发现阳性关联的检验效能低于相同样本量的病例对照研究。

最初的 GWAS 多采用两个阶段的设计：首先采用高通量 SNP 分型芯片对一批样本进行分型和分析，然后筛选出最显著差异的 SNP(如 $P<10^7$)进行验证。GWAS 两阶段研究设计减少了基因分型的工作量和花费，同时通过重复实验降低了研究的假阳性率。然而这种两阶段的研究设计却存在另一个问题：第一阶段通常是在较少样本中对全基因组数量庞大的 SNP 进行分析(可达 100 万个)，因而没有足够的检验效能去发现所有可能与疾病关联的 SNP。因此，为了发现更多的易感基因位点，目前常采用的方法就是扩大样本量，同时适当放宽 SNP 的筛选标准，扩大验证范围。目前 GWAS 样本量多为 1000 病例或 1000 对照左右，发现的疾病相关 SNP 基本上都属于常见(MAF>0.2)和效力中度(OR≥1.2)的变异；而对于频率低(MAF<0.05)、效力弱(OR 值接近 1)的 SNP，由于统计可靠度较低很难被检出，因此增加 GWAS 样本量是提高检验效能最直接和有效的方式，但单个 GWAS 样本量可能难以达到研究的需要。由于 Meta 分析可以合并多个研究数据来增加样本含量，有利于发现新的变异，很受研究者青睐。DIAGRAM 协会最先进行 GWAS 的 Meta 分析，通过合并 3 个 GWAS 数据共计 10000 欧洲样本，新发现了 6 个 Ⅱ 型糖尿病易感基因。此后，多种疾病 GWAS 的 Meta 分析研究相继开展，如多发性硬化、类风湿性关节炎、直/结肠癌等，发现了大量新的易感位点。GWAS 的 Meta 分析通过发掘现有 GWAS 数据，已成为一种能经济有效地鉴定更多疾病易感基因的方法。GWAS 的范围已迅速扩展到几十万，甚至上百万名患者。然而美国斯坦福大学遗传学家 Jonathan Pritchard 指出，生物学家可能会意识到，更大规模的研究会发现越来越多对疾病影响极小的基因变异。这可能意味着常见疾病可以通过 GWAS 与几十万种 DNA 变异联系起来，也就是说在一个组织中很活跃的每个单独的 DNA 区域恰巧参与了一种疾病。随着对同一种疾病易感位点发现数量的增多，进一步搜寻其余效应相对微弱变异的难度不断增大，因此如何从 GWAS 数据中甄别真正疾病关联变异是一个比较棘手的问题。虽然验证人群不断增多，但每个独立研究群体的种族、表型界定大都不一致，如何恰当处理各验证群体间的异质性，也是目前一个亟待解决的问题。

对于检测稀有变异来讲，以 GWAS 途径的统计精度是无法达到的，但高外显性的稀有变异对疾病的作用也不容忽视。许多疾病相关的稀有变异在普通人群中十分罕见，或者为近代新出现的突变，所以不能够通过 SNP 间的连锁不平衡关系进行分析。因此，对于患者的疾病易感基因候选区域进行深度测序是有效的补充手段，是在 GWAS 无法检测的极限之外的补救措施。由于全基因组测序的费用极其昂贵，所以目前多针对 GWAS 或连锁分析发现的候选区域进行测序。

GWAS 产生了海量的分型数据,如何利用这些数据构建基因调控网络也成为一个研究热点。将 GWAS 所有分型的 SNPs 按照不同的生物学通路排列,然后比较各个通路在病例/对照间的差异,这就是基于通路的 GWAS 研究思路。新方法可以和传统的单位点 GWAS 分析方法结合起来,有助于发现更多的疾病易感基因或者相关生物学通路,更准确地反映疾病的发病机制,对于新药的开发和临床诊疗技术的提高具有更大价值。疾病易感基因之间以及易感基因与危险环境因素之间的相互作用对疾病易感性有着重要作用。

经典 GWAS 的研究对象主要是单个 SNP 或者一群 SNP 与疾病的关系,而较少考虑在人群的不同亚群中可能存在一些非常重要的疾病相关基因。针对各种类型 GWAS 分型数据,应用不同的统计工具可以进行多种上位效应(epistasis effect)分析,如用 PLINK 进行标准的 Logistic 回归分析,用 Random Jungle 进行随机森林(random forest)分析,用 BEAM 进行贝叶斯分隔分析。利用相关的软件平台实现对基因调控网络的构建和分析,在生物医学研究领域发挥了重要作用。尤其是 PLINK,其具有数据质控和处理模块,应用起来非常方便,是目前最常用的 GWAS 分析软件。Tang 等对老年黄斑变性 GWAS 数据进行多位点间交互作用分析,发现了 2 个位点间的交互作用与疾病易感性相关,并通过功能实验进行了证实。他们采用类似的方法对帕金森病 GWAS 数据进行分析,结果发现了 7 个易感位点。

作为一种在全基因组水平进行的关联分析方法,随着新技术的不断发展其内涵也必将随之不断扩展。如果将目前基于 HapMap 设计的 GWAS 称为狭义 GWAS,那么广义 GWAS 应该是在全基因组范围内进行的疾病基因组学关联分析研究,不仅包括 SNP,还包括突变、拷贝数变异、基因表达、表观遗传修饰等。因此,未来的 GWAS 将会在全基因组水平开展以下研究:①全基因组测序和外显子测序研究;②拷贝数变异关联分析;③转录组和表达谱研究;④表观基因组关联分析(epigenome-wise association study,EWAS)。总之,随着科学技术的持续发展,新的检测技术不断出现,将为疾病基因组学研究带来空前的机遇。GWAS 作为一种研究方法具有与时俱进的特点,可以不断吸收和利用这些新技术,为疾病预警、临床诊断以及个体化治疗奠定理论基础。

对于某种疾病而言,当足够多的患病与不患病人群基因组进行比较分析后,与疾病相关的遗传变异便有可能水落石出,这也是 GWAS 背后运行的哲学。研究人员利用它来寻找包括精神分裂症、亨廷顿舞蹈症和类风湿性关节炎在内的疾病的遗传关系。近年兴起的基因组学、转录组学、蛋白质组学及代谢组学等为精神分裂症的发病机制研究注入了新的活力,在 GWAS、低频突变及拷贝数分析和基因表达及表观遗传修饰等分析方面取得了一系列成果,找到了多个精神分裂症易感基因。美国马萨诸塞州总医院的研究人员利用 GWAS 方法对超过 4000 名亨廷顿舞蹈症患者进行了研究,发现了两个以上可以加快或延迟该疾病发生的基因突变,这些特定基因突变与患者出现运动障碍有关。这意味着除了亨廷顿舞蹈症基因之外，分布于第 15 号、第 8 号、第 3 号、第 5 号和第 21 号染色体上的其他基因突变也参与亨廷顿舞蹈症的发生。

近年来发展起来的表观基因组关联分析，其独特的研究思路和方法有希望发现复杂疾病新的调控机制，其原理基于环境和生活因素造成的表观遗传修饰可影响疾病的易感性。表观组学研究和筛查手段目前可以覆盖绝大多数 CpG 位点，但实验设计阶段关于样本的选择，细胞群体异质性对疾病性状真正关联结果的干扰，对照群体结果和生物变异度引起的噪声，以及大量数据的复杂性和内部存在的信号噪声给研究分析带来更严峻的考验。EWAS 技术将表观遗传学变异和复杂疾病进行关联，在表观遗传学层面对复杂疾病的致病原因进行解读，找到与致病原因相关的表观遗传学位点，为研究人员打开了一扇通往研究复杂疾病的大门。EWAS 让我们找到了许多从前未曾发现的与疾病相关的甲基化位点，为复杂疾病的发病机制提供了更多的线索。

2.1.3　eQTL 作图

eQTL 作图是遗传基因组学的主要研究方法，用于解析 eQTL 和靶基因的遗传调控方式。eQTL 作图是在传统 QTL 作图基础上发展起来的，其与 QTL 作图的差别在于 eQTL 作图是将基因表达性状作为数量性状，其数据纬度更大导致统计分析难度增加。根据 eQTL 与靶基因的位置关系，一般将 eQTL 分为 *cis* 或 *trans* 作用两类：*cis*-eQTL 一般与靶基因有近距连锁关系，*trans*-eQTL 与靶基因相距较远，这与分子生物学中定义 *cis* 或 *trans* 作用元件的思维极其相似。eQTL 作图主要有两种策略：关联分析和连锁作图。当然，将两种方法结合起来也是一种策略，所以严格来说，eQTL 作图的策略应该有三种。候选基因途径研究性状和已知基因的关联，为了提高关联分析效力，有时需要将代谢途径有关数据整合进来。对于稀有突变及拷贝数变异等，如果将新一代深度测序数据与关联分析结合起来，可以显著提高检测效率。基因组扫描途径研究性状和基因组分子标记之间的关系，通过提高重组率和基因型图谱密度可以获得更精确的 QTL 位置，甚至克隆到数量性状基因（quantitative trait genes，QTG）。模式生物老鼠的 RIL 和 IRI 群体已用于 QTG 研究，在证实复杂疾病的候选基因时非常有效。目前已成功克隆了关节炎(arthritis)、多发性硬化症(multiple sclerosis)、胆囊胆固醇结石（cholesterol gallstone）形成、血浆高密度脂蛋白胆固醇水平(plasma high-density lipoprotein cholesterol levels)以及皮肤癌(skin cancer)等疾病易感 QTG。

eQTL 热点是遗传基因组学中的重要概念，它是指与几个基因的表达谱都有关的基因组小区域。一个 eQTL 热点和相关靶基因组成 eQTL 模块(module)，它作为基本建构块(building block)用于基因表达网络构建。2007 年，Sun 等提出了检测 eQTL 模块和证实相关转录因子(transcription factors，TFs)的方法。通过上游

TFs 对靶基因表达的调节作用分析，可深入了解相关基因表达对疾病的影响。Genentech、美国国家衰老研究所、TECNICA 国际数据和 23andMe 的研究人员合作，为成千上万个人进行了多阶段 GWAS 分析和 Meta 分析寻找神经退行性疾病的新基因，其中有一部分是帕金森病人。除了已报道过的几十种常见变异外，研究小组还发现了与帕金森病有关的 17 个新基因位点，该研究结果于 2017 年 9 月 11 日在 Nature Genetics 上在线发表。基于新发现的和过去已报道的风险基因位点，研究人员使用考虑了 eQTL 数据、表达谱和神经效应相关基因的 Neurocentric 策略来寻找候选基因，GBA、LRRK2、SNCA 和 MAPT 等帕金森病风险基因就浮出了水面。

在某些情况下，基因表达水平也可以用作表型标记，eQTL 中的基因则是表型性状相关的最佳候选者。通过 eQTL 作图发现参与一些已知代谢途径的新基因，进一步完善和更新已有的分子机制。目前，eQTL 作图已经是一种很有效的研究工具，但由于缺乏对疾病分子机制的了解，基因或位点的选择仍然富有挑战性。

2.1.4 挑战与策略

由于微阵列分析能检测所有基因的表达，需要进行大量的统计检验来计算每个遗传标记与每个基因表达水平关联的计分统计量。认识和解释 eQTL 关联的 2 个核心挑战。①精细作图：提高作图精度对于从位于分子标记附近的多个基因中确定真正的候选基因是很重要的，除了采用更多的标记信息外，也需要另外的数据支持；②缺乏机制解释：基因表型关联对于认识分子机制只能提供非常有限的信息，必须借助其他组学研究的知识才能更好地解释疾病发生机制。

eQTL 作图是一种解析基因调节遗传框架的有效方法，主要是通过基因组的变异去解释基因表达水平的变化，这对于具有高维数的基因表达和基因组标记数据仍然具有很大的挑战。2008 年，Andrew 等采用微阵列和先前建立的连锁图谱来定位脑基因表达的遗传决定因子，确定其在基因组中的位置分布。

eQTL 作图分析技术可以用个体的遗传标记进行基因型分型，同时利用 DNA 微阵列进行表型分型。由于标记之间的紧密分布和连锁不平衡，每个标记可能与许多基因位置相近，导致难以确定与观察到的下游基因表达有因果关系的因子。研究者 Silpa 等受电子线路网络的启发提出一种叫"eQTL 电子线路图"(eQTL electrical diagrams, eQED)的方法，用于某一位点的候选基因优化筛选。该方法将位点到靶基因的信息流看作是经过蛋白质网络的电流来预测信号传导方向。多位点 eQED 考虑了与靶基因相关的所有显著位点，比单位点 eQED 的预测精度有所提高。当然，基于网络的人类 eQTL 分析需要有关蛋白质与蛋白质相互作用和转录相互作用的数据库提供更多的信息。利用结构方程建模(structural equation modeling, SEM)来推断基因网络，可以对特定类型的相互作用进行归纳，如 eQTL

和 *trans*-调节基因以及 eQTL 间的上位性互作等。

基因表达水平和临床性状的关联强度与人类自然群体的遗传结构有关,患者和正常人基因表达的差异可用统计分析进行检测。HapMap 数据对于疾病相关基因的分析提供了更多信息,其效率比单个 SNP 位点分析更具优势。遗传学家发展了用于多位点分析和单体型(haplotype)分析的传递不平衡检验(TDT)方法,如基于核心家系的 hTDT、基于进化枝的 hTDT(human clade-based TDT)、结合单位点检验的进化枝 hTDT、同胞关系 T^2 检验(sibship T^2 test)、基于家系的 TDT(family-based TDT)和稀疏 TDT(sparse TDT)等。

多重假设检验导致的 I 类错误扩大和假阳性是 GWAS 面临的重要问题之一。多重假设检验次数随着所选基因组 SNPs 数迅速增加,严重影响 GWAS 的统计效力,如选择 HapMap550 可使多重检验次数达到 55 万次之多。为此,研究者常采用多种方法来校正关联研究中多重假设检验后的 P 值,以减少假阳性结果。Cui 等在 2008 年提出了基于熵的 GWAS 分析方法,运用 minP(极小 P 值)或 maxT(极大检验统计)方法来提高统计效力。结合下一代测序技术进行 GWAS 分析,分析精度有了很大提高,MacRae 和 Vasan 给它取名为下一代全基因组关联研究(next-generation GWAS),通过结合高通量测序和基因型分型的下一代 GWAS 的优势是能够在精确的基因组区域发现新的与人类复杂疾病相关的基因突变。当然,随着蛋白质-RNA 相互作用分析、长片段读序和纳米孔基因组测序等高通量分析技术的发展,结合其他的组学数据分析,为 GWAS 解析人类复杂疾病机制带来了契机。结合人类 HapMap 并用 tagSNPs 进行 GWAS 分析已经成功证实了具有较小或中等效应的常见 SNPs 与复杂疾病的关系。高通量测序平台的进步使得该技术能用于靶位点外显子的稀有变异关联研究以及 GWAS 分析。

由于 GWAS 分析在人类群体中对疾病性状相关的基因作图中表现不错,从而激发了研究者将该技术用于实验动物的热情,如用于全基因组网络分析的小鼠遗传资源库 Collaborative Cross(CC),比生物学中已有的其他遗传资源有很大改进,进行 GWAS 分析时比用 BXH 杂交系在作图精度方面有显著提高。哺乳动物表型本体(mammalian phenotype ontology,MPO)可以对许多基因的表型谱进行系统分析,已经证实两个 *cis*-调节基因(*Stk25* 和 *Rasd2*)参与下游靶基因的表达调控,并对疾病易感性有影响。许多微阵列实验的基因表达数据,特别啮齿动物小鼠和大鼠的数据已经整合到重要的 Web 知识库——GeneNetwork[①]中,可用于综合分析单个或多个性状。目前,医学界对于心肌钙化(myocardial calcification)这类复杂疾病的相关的遗传因子的认识还很肤浅。利用整合基因组途径,将营养不良性心肌钙化(dystrophic cardiac calcification,DCC)的主要基因位点(*Dyscalc1*)精确定位到

---

① http://www.genenetwork.org。

含有 38 个基因的 840kbp 的区域。在老鼠中，*Abcc6* 是与 DCC 相关的主要基因位点，其表达与局部矿化调节系统以及 BMP2-Wnt 信号通路高度相关。采用 eQTL 作图对大鼠的研究表明，*Abca4* 基因 5′端一个插入的 cREL 结合序列与该基因表达水平升高有关，而甲状腺激素受体 β2 编码基因的一个突变与短波长敏感视紫红质（*Opn1sw*）基因表达水平的下降有关。基因表达分析证实，这两个基因与人类 Bardet-Biedl 综合征有关。

eQTL 作图可以证实基因之间的调节关系。遗传基因组学研究方法除了用于调节网络的构建以外，还可用于对证实的 QTL 进行深入分析，发现候选基因和功能性 SNP，了解基因-环境以及基因间的相互作用，检测候选的调节基因或 eQTL，区分多个 QTL/eQTL 以及检测 QTL/eQTL 的多效性等。随着分子生物学技术的进步，DNA 捕获技术、模块定向表达谱、基因表达谱、RNA 干涉等将有助于基因功能及其调节机制的分析，解析基因的差异表达与人类疾病发生之间的关系。这些技术与遗传基因组学方法相结合，对于认识复杂性状疾病和制定临床治疗方案将起到前所未有的作用。特别是新一代测序技术提供了高效率、低成本的基因组测序策略，未来的个人基因组信息与遗传基因组学研究相结合，将引领医学研究进入个性化医学的时代。

2.2　个性化医学

传统医疗以病人的临床症状和体征，结合性别、年龄、身高、体重、家族疾病史，以及实验室和影像学评估等数据确定药物和使用剂量、剂型。这通常是一个被动的处理方式，即在已经出现症状和体征后开始治疗或用药。

通过代谢组学分析了解个人遗传基因特性，根据结果采取个别性高的预防工作，被称为零级预防，这是比预防医学中的一次预防、二次预防和三次预防更优的策略。一次预防是对疾病发生本身的预防，具体指生活习惯及环境改善等健康促进措施，特定病种预防接种等工作。二次预防是对疾病发展的预防，通过健康诊断和体检早期发现早期治疗。三次预防是通过治疗防止疾病重症化，通过保健指导和康复训练等促进机体功能恢复，帮助患者回归社会，防止疾病复发的预防工作。通过各种组学分析，让患者了解自身基因状况，对未来的易患疾病进行预测。根据预测结果，从早期阶段开始改善个人生活方式、饮食习惯，进行体育锻炼，防病于未然。各种组学技术在生物医学上的应用，为精准的个体化预防、诊断、治疗提供了关键的技术体系，精准医学模式应运而生。

个性化医疗（personalized medicine），又称精准医疗，是指以个人基因组信息为基础，结合蛋白质组、代谢组等相关信息，为病人量身订制最佳治疗方案，以期达到治疗效果最大化和副作用最小化的一种医疗模式。精准医疗得以实施的核心科学问题，是要根据每一个个体的分子特征（基因突变）差异，准确了解病因，从而进行更为精准的医疗预防、诊断和个性化治疗，是卫生与健康保障的新概念。精准医疗概念的提出，使得基因检测及基因大数据越来越受关注。人体基因组和蛋白组海量信息，让精准医疗大数据超越了许多行业。虽然基于基因组大数据的分析将成为未来精准医疗的核心板块之一，但数据共享一直是待解决的难题。通过对医疗大数据进行研究，对于脑梗死、心肌梗死、代谢症候群等病进行发病机理分析，以及对老年性痴呆症及运动障碍综合征进行分析，充分发挥预防医学的作用，有效利用医疗资源，实现更高质量和安全性的医疗活动。准确的基因组参考序列将帮助真正"精准"的基因组数据分析，值得庆幸的是，有"炎黄一号"作为蒙古人种的参考序列，我们将离"精准"的目标更加接近。

2.2.1　个体遗传差异

同一物种的个体之间基因不全相同，从而表现出性状上的差异。在人类个体之间有明显的外表差别，这也是我们区别个体的基础。人类在外观和心理上的差异，有其遗传学因素的影响，当然环境因素也有一定作用。虽然不同个体在基因组序列上绝大多数是相同的，但在个别的位点上存在单核苷酸多态性（SNP），特别是在基因的编码区存在的 SNP 差异，会导致基因的功能改变，从而表现出在生理性状上的差别。

正是因为存在个体差异，不同的人对药物的效果表现不同。基于此，科学家提出个人基因组测序计划，以便指导临床医疗。最初进行个人基因组测序的主要有 Celera Genomics 公司创始人约翰·C.文特尔、DNA 双螺旋结构发现者詹姆斯·沃森。苹果公司联合创始人史蒂夫·乔布斯（Steve Jobs）也在世界上最早测定基因序列的 20 人之列，并支付了 10 万美元同时进行了癌症基因筛查，希望为自己的癌症治疗提供更多的帮助。不幸的是，乔布斯最后还是被癌症夺去了生命。

随着测序技术的进步，个人基因组测序成本将降到公众可接受的程度。华大基因也宣布，2020 年前，个人基因组测序将降到 300 美元以内。2012 年加拿大启动了个人基因组测序计划，对首批 56 名志愿者进行了测序。通过对个人基因组进行测序，研究者可以全面了解个体的身体状况，比如对某种疾病的易感性。个人基因组可以作为给患者对症开药的关键依据，让医生确保发挥药物的最大化疗效，最大程度减少副作用。个人基因组另一个重要的作用便是为想要生孩子的夫妇提供建议，目前已经有公司专门提供这种技术服务。

2.2.2　个性化医学的意义

长期以来，人们习惯了同一种疾病采用相同药物同一剂量进行治疗。但科学的发展已经使人们认识到，药物的有效剂量有着极大的个体差异，如抗凝血剂华法林（warfarin）、抗高血压药异喹胍（debrisoquine）、抗震颤麻痹药左旋多巴（levodopa）以及降胆固醇药物辛伐他汀（simvastatin，又名 Zocor）。了解此类个体差异的机制，对于临床合理用药和新药开发均具有重要的意义。

不同个体对于药物治疗的差异可由多种因素造成。遗传因素包括药靶基因变异、影响靶蛋白合成的有关基因变异、药物运输蛋白基因变异、药物代谢酶的基因变异、DNA 修复酶基因变异以及谷胱甘肽合成酶或某些辅基合成酶的基因变异。环境因素包括药物代谢主要酶系细胞色素 P450 的表达诱导、P450 的抑制剂。另外，年龄、疾病和炎症等生理因素的差异，均可影响药物的疗效。

个性化医学将对一些癌症的治疗带来变革，比如，对乳腺癌、肺癌、肠癌、黑色素瘤和白血病患者进行基因组检测，医生可根据每个人的基因组差异制定最佳治疗方案。个性化医学就是根据每个人的疾病基因组信息对已发生的疾病进行个性化治疗，真正做到对症下药，增加药物治疗的效果，减少医疗的盲目性。

2.2.3 如何实现个性化医疗服务

要将个性化医疗运用于临床治疗，仍然需要进一步加以改善，不仅是患者没有做好心理准备，而且很多医生可能都难以胜任。要实现个性化医疗，需要每位临床医生都具有基因组数据分析技能，在当前这显然还不够现实。但个性化医疗能够成为医学领域的热点话题，也表明人们对其寄予了很大希望，因为每个人的病症很个性化，不能用一个通用方法来治疗，需要进行个性化治疗。

期望个性化医疗变成现实，也是生物医学发展的大势所趋。目前的基因诊断和治疗的技术都取得了很大的突破，根据基因测序进行个性化诊断，目标是把 DNA 序列与疾病或者体征联系起来，一方面要求 DNA 测序要够快够准确，成本足够低；另一方面要求能通过 DNA 序列数据分析找到基因和疾病之间的联系。

相比已经较为成熟的基因诊断，基因治疗技术的不断进步更是推动了个性化治疗的发展。特别是针对遗传缺陷造成的疾病，基因治疗无疑是一种很好的选择。基因治疗是将人的正常基因或有治疗作用的基因通过一定方式导入人体靶细胞以纠正基因的缺陷或者发挥治疗作用，从而达到治疗疾病目的的生物医学高技术。全球最流行的"基因剪刀"是 2013 年兴起的 CRISPR-Cas9 技术，该技术具有搜索和替换 DNA 的双重功效，甚至可以让科学家们通过替换碱基，轻松灵活地"编辑"DNA，用于治疗多种遗传疾病，如血友病、罕见代谢疾病甚至神经退行性疾病。

个体化医疗还有技术和社会方面的难题。技术上有降低测序成本以及解决序列分析的难题。从一个人的海量基因组信息中找到与疾病相关的多种基因犹如大海捞针。不过，技术上的新进展使人们看到了希望。美国国家儿童医院（Nationwide Children's Hospital）的彼得·怀特博士团队研发出了一种名为"丘吉尔"（Churchill

的基因组分析软件,只需要90分钟就可以从个人基因组中找到致病基因。个性化医疗的社会难题也很难解决,因为个人基因组测序会触及个人隐私,这会违反医学隐私权的法规。显然,要实现个性化医疗服务,还有很多难题需要解决,需要较长时间的探索和努力。

2.3 大数据将颠覆传统医学

大数据及大数据技术的出现,使得各行各业面临着新的变革,这些变革或者大大推进了行业的发展,或者逐渐颠覆传统的运行和发展模式。医疗行业也是一样,可以畅想医疗大数据带给人们的将不仅仅是更优的诊断与治疗计划,而是更优的生活方式。通过医疗大数据的挖掘和筛选,还能发现何种生活方式可能是更有利的,从而给政府、医保政策制定者、医院以及大众更好的生活方式指导。我们正处于大数据急速推动创新的时代,有机会利用现有优势提升社区甚至全球健康水准。医学大数据颠覆传统医疗,不是命题问题,只是时间问题。

2.3.1 传统医学模式的弊端

传统医学模式自文艺复兴后兴起,很好地解决了病原微生物与疾病之间的关系,随着人类战胜一个又一个烈性传染病,人类的自然寿命大幅提高,同时疾病谱也发生了巨大的变化,以往威胁人类的传染病,让位给了心脑血管疾病、肿瘤等。随着社会的进步和生活工作节奏加快,由此带来的心理疾病或身心疾病明显增加。另外,环境污染、战争、饥饿、灾难、贫富差距等社会问题也威胁人类健康,传统的生物医学模式明显不能适应当今医疗卫生事业。社会-心理-生物医学模式应运而生。新的医学模式,更好地反映了人与自然、人与社会的关系,更好地反映了心理因素在人类健康中的作用。把人作为一个整体,而不是单纯的一个个器官、组织、细胞,体现了宏观与微观的结合。以人为本,应把人的健康放在大环境、社会、人与人的关系中考量。

直到现在,以现代医学(西医)与东方医学(中医)为代表的传统医学仍然是医疗界的绝对主角,虽然它们自身也存在瑕疵。西医解决问题的方法大家都已经非常熟悉,先看看患者通过仪器检测显示出的影像数据和指标,然后按照流程进行处理。这样的方式更容易实现自动化,或许使用机器人医生更能够适应这样的流水化操作。谈到这一点,不得不提到机器人医生Watson和手术机器人Da Vinci。手术机器人Da Vinci在美国估计有3000多台,在欧洲和亚洲的使用量相对较少,加起来也不到1000台(在中国共40台左右)。

在很多时候,医生可能未能考虑到患者的情绪,他们更多的是看分析仪器中的数据。负责操作仪器和观察数据的医生们如果不会维修检测仪器,当仪器出现故障时，他们可能并不知道这些看似还在正常工作的仪器给出的数据并不准确。

客观地说，目前的中医正面临人力资源严重匮乏的问题。而中药面临同样的问题，原本是经过"望闻问切"之后再对症下的药，但迫于海量的患者，也不得不采用西药批量化大规模生产的模式。缺乏个性化导致的疗效缩水与中药材原料质量不过关的因素，构成了源自民间的"中药无效"的结论式论断，没有人知道在这种声音下长大的孩子是否还会相信中药，即使中药真的有效。

2.3.2 医患关系

近年来频繁发生的恶性伤医事件表明，当前的医患关系已经十分紧张。医患关系紧张并不是科学技术的问题，而是医患间诚信道德缺失造成的。中国医学强调"医乃仁术""医患诚信"等伦理原则，这要求医者真心诚意为患者服务，医者所做的任何医疗都是从维护患者的利益出发，而不是为谋一己私利。其实，医患之间诚信的流失也反映出中国在转型期社会制度存在的一系列问题，以及由此引发的社会信任危机，这就需要采取一系列措施重建医患关系，重塑社会信任。

一方面要重视医生和患者双方的合法利益，加强医务人员职业道德素养，培养其良好的职业伦理。医生要坚决抵制违背职业原则的行为，要有耐心地与患者进行交流，对待患者要一视同仁，让家属放心。另一方面要医疗服务制度化、法律化，建立有效的监督举报机制。对于那些确实存在的违背职业伦理、违反法律的行为，一定要按照有关规定进行惩罚，从而起到警示作用。

1. 当前存在的医患问题

医患关系既涉及医院和医务人员，也与患者有关。目前，医院、医务人员和患者都存在一些问题，主要表现在以下几个方面。

（1）从医院方面看，在市场经济的冲击下，医疗活动具有商业色彩。某些医疗机构片面追求经济效益，而与社会效益背道而驰。通过虚假广告来拉拢患者，缺乏责任意识。

（2）部分医务人员缺乏人文素养，没有换位思考意识，对待工作的态度消极，对病患态度冷淡，服务不到位，医疗水平低。

（3）医患关系物化。由于我国从计划经济体制向市场经济体制转变过程中，"等价交换"这种商业意识在大多数老百姓的思想中根深蒂固，并被移植到医患关系上来。因此，在患者心中形成"要多给医生一点钱，才能得到更好的医疗服务"的错误观念。

（4）患者维权意识增强。随着社会的飞速发展以及我国法律体系的不断完善，广大患者的维权意识逐渐增强，在医疗活动中，当切身利益受到伤害时，患者便会拿起"法律武器"来捍卫自己的权利。

2. 医患关系紧张的原因分析

导致医患关系紧张的原因有多种，既有社会的因素，也有医学技术本身的因素，当然还有人为的因素以及媒体的因素。下面就从这几个方面加以介绍。

1) 医患关系紧张有其社会的原因

随着市场经济体制的完善，医疗卫生体制改革后，医院已经定位为服务行业，政府对医院的补助越来越低，只占医院收入的约 10%，这种水平的财政补助只能冲抵离退休职工的费用。医院为了维持生存和发展，必须用劳动和服务来换取收入。以市场的观点来看，医院实际上是把医疗技术和服务当成产品出售给患者，而患者付钱，得到相应的医疗技术和服务。目前，我国正在进行和完善的医疗卫生体制改革，其目的是改善和提高医疗服务水平。但由于医疗体制改革需要一个过程，在这转变过程中难免会产生阵痛。现在一些药物的价格堪比黄金，但仍有众多的患者愿意花钱购买。在患者的心目中，越贵的药效果越好，只要能治病，患者都舍得花钱购买，毕竟生命或身体健康比钱更重要。实际上，药物的疗效会因人而异，同一种药物对一个人有效，但对另一个人未必有效。所以往往会出现用药医不好病，甚至加重病情的情况。一旦与期望相背离，患者就会形成巨大的心理反差，导致医患关系恶化，这也是医患关系日趋紧张的重要的社会原因。要解决药效个性化差异问题，还需要从基因组数据分析入手，只有在个人基因组测序技术广泛应用于临床之后，医生通过对序列数据进行分析，才能避免出现盲目用药的情况，提高医疗效果，减少医生和患者之间的误会。

2) 医患关系紧张也有其医学原因

现代医学不断发展进步，不少医学难题迎刃而解。但医疗领域充满着很多不确定的因素，加之新的病毒不断出现，病种增多，即便医学再发达，医生再努力，一些"抢救无效"的不幸事件还是不可避免。现在国内外一致认为医疗确诊率只有 70%左右，急重症抢救率为 70%～80%。由于个体差异大，即使一些常见病、多发病在有些人身上，也可能向复杂性转变，疾病的治疗过程和结果始终存在成功与失败两种可能，这是医学的无奈，也是长期影响医患关系的主要因素。由于医学存在不确定性，患者及家属不要对医疗效果抱有过高的期望，对危重病要有心理上的准备，不要因为服务不满意或亲属死亡就情绪激动，辱骂、威胁医务人员，这种极端不理性的做法，是对医生基本人格的不尊重。

3) 医患关系紧张的媒体原因

由于一些不正规的医疗机构增多，医疗事故的发生率有所上升。现在医院成了社会关注的热点、焦点，新闻媒体更是愿意对医疗纠纷和事故进行报道，并且报道明显地带有感情色彩，倾向于患者这个弱势群体，往往对医务人员的辛勤劳动视而不见。媒体为弱势群体呼吁，确实对治理医药购销领域的商业贿赂行为，整治"红包""回扣"问题，降低医疗费用，提高医疗服务质量起到了积极作用；

同时却又使患者不信任医院和医生，导致患者戒备心强，进院后稍不满意就投诉，甚至集结人员大闹医院。在很多医疗纠纷的案件中，法官最后判决本着维护弱势群体的利益，可能会使医院方的合法与正常权利没有得到应有的尊重，不利于构建和谐医患关系。

4) 医患关系紧张的患方原因

很多患者对医学知识一知半解，维权意识却又异常强烈。一方面，患者以为医学万能，进了医院就进了保险箱，生命健康有绝对保障。另一方面，患者认为自己花了钱就要治好病，一旦病情不见好转或者恶化时，就认为是医疗事故。实际上，任何疾病都因个体而有差异，在药物的效果方面也有很大不同，因此很难保证所有的患者都能够通过医疗得到康复，这与患者自身体质好坏有很大的关系。医不好病就怪罪医生，确实是不理智的做法，这也反映出医学万能思想泛滥的危害。

5) 医患关系紧张的医方原因

长期以来，医生这个职业投入大、责任大、风险高、收入低。但在市场经济条件下，社会充斥着"金钱第一"的观念，部分医务人员的价值取向不可避免地受到这种观念影响，其心理平衡被打破，此时药品制造商再适时地为医务人员追求高收入推波助澜。再加上财政转移支付越来越少，医院为了求得生存和发展，也不得不遵循市场经济规律。医患双方由于经济利益"冲突"而关系紧张，医院在患者心中的形象发生了转变。

3. 如何构建和谐的医患关系

医生因患者而生，患者因医生而存。医患之间的关系就是互惠共生的关系，和谐的医患关系是促进医疗事业健康发展的关键。正确解决当前医患关系紧张的现状，维护医疗服务市场正常的秩序和医患双方的利益，构建和谐医患关系是社会主义和谐社会建设的重要举措。如何构建和谐的医患关系，这是政府、医院和患者都十分关心的问题，也是需要三方参与才能妥善处理的难题。

1) 强化政府职能

政府应加大对公共卫生事业的投入，合理配置卫生资源，健全医保体制，加大财政对医疗保障体系的投入，合理分散医疗保险，减轻医疗机构、医务人员、患者的实际负担；加强对医药生产、流通、销售领域的监管，理顺医疗收费价格，改"以药养医"为"以医养医"，使医院的经济收入主要来源于诊断、救治、护理、服务等环节。建立社区医院和全科医生制度，做好家庭医疗服务，加强医疗资源的细化和衔接，提高医疗资源的利用效率，使有效的医疗资源尽其所用。

2) 患者要尊重医学

由于生命的奥妙，个体的差异，疾病发展过程中的复杂性，医学上还有许多未知领域。不管医学如何进步发达，医生如何敬业努力，总是存在一些遗憾。医患双方都要遵循医学的客观规律。医务人员要依法执业，以科学的方法来检查、诊断和治疗疾病；患者对医生不要持怀疑态度，因为世界上绝没有一个医生想故意"医死"或"医坏"患者，那对医生的名誉也无益。相当一部分患者的死亡、残废和功能障碍，是由于不可预料的或不可避免的并发症所致，属于意外情况，患者应接受事实，不要动辄闹到医院或责难医生，这样不利于医学的发展。

3）医院如何与媒体打交道

遇到医疗纠纷时，医院对媒体如果一味采取回避的态度，会被认为有难以启齿的原因，引起猜疑。医院应把问题发生的原因向媒体进行解释，公布事情真相，这样更有利于处理医疗纠纷。媒体应对医疗纠纷与冲突进行客观的报道与评论，成为沟通医务人员和患者心灵的一座桥梁，而不是非理性的偏袒患者，使本就紧张的医患关系更加紧张，导致事件的升级。媒体应该在医患之间起到缓冲剂的作用，使医患关系维持在一种和谐的状态，避免冲突的发生。

4）畅通医患沟通渠道

医患之间相互依存，医生因患者而生存，医学因疾病而发展，患者要医生救治才能摆脱病魔，恢复健康。因此，医患关系应该成为社会上最和谐的人际关系。医生是很受尊敬的职业，救死扶伤这种大无畏的人道主义精神受到很多人的赞扬。医疗体制改革打破了过去公费医疗制度，患者对自己掏钱看病要逐渐适应，对受目前医学水平和医生技术水平所限而治疗不满意的病例，要予以充分理解。虽然造成医患关系紧张的因素有很多，需要从体制上加以统筹解决，但医院不能"坐等靠"，而应主动作为。毕竟患者来医院是为了看病，不是为了扯皮闹事，而医疗消费不是患者的自主消费，是医生的指导消费，患者相对处于弱势。医生要严格执行和落实医疗规章制度，不断提高医疗服务质量，在检查、诊断、治疗过程中多为患者着想，予以人文关怀，减轻患者痛苦和负担。

从 20 世纪 60 年代开始，欧美国家已经开始对现代医学进行反思，提出医生的使命不仅仅是治病救人，还应将帮助患者作为工作重心的观念。今天在临床上，绝大多数的医务人员仍然在治病救人，他们很关注患者得了什么病，病应该怎么治。但由于缺乏人文关怀，有些患者觉得医疗服务不够满意，或者因医疗收费太贵又没有达到预期的医疗效果，情绪受到很大影响，导致辱骂医生、暴力伤医事件的发生。在医疗体制改革过程中，如何缓解当下紧张的医患关系已成为医院决策者为之头疼的首要问题。改善医患关系不仅需要医院、医生做出努力，患者也可以积极响应医院方案，唯有相互尊重和信任，才能从根本上改善医患关系。

2.3.3 医学互联网的出现

美国未来学家阿尔文·托夫勒(Alvin Toffler)多年前曾预言：未来医疗活动中，医生将面对计算机，根据屏幕上显示的从远方传来的各种病人信息对病人进行诊断和治疗。这种局面已经到来。医学互联网通过将人体连接至网络空间，实现人机网一体化的智能医者和智能患者的良性互动。医院这个维持了 3000 年的封闭医学组织模式应该转变为开放性医疗组织网络和提升为互助型救治平台，人类型医生和机械人医生应该共同成为救治主体。医学互联网的三个要素包括：人机网智能化互连，智能人工系统的辅助、分析、思维能力以及智能化的实现方式。医用超级计算机和芯片技术将获得不断进步，智能机器人医生将出现思考能力。医学互联网有望全面改造人类，实现文明变迁。预计在未来，医学互联网国际产业规模可以达到 15 万亿美元，将超过现在的互联网产业规模，占世界 GDP 的 1/5 左右，这足以支持医学互联网的持续发展。

患者是医疗的基本对象，以前处于被动地位、等候接受医师治疗的病人，在医学互联网的时代，将成为借助各种网络医疗助手，主动与医师互动并共同确定治疗方案的"智慧人"。这个时代下的医学不仅要治疗患者的生理系统疾病，也将运维加载在患者身上的智能人工系统，使人工进化与自然进化并重而行。加载于人体的智能设备消费将成为重要的社会消费，大多数人会自愿成为"半机械人""芯片人"或者较完整的"智慧人"。智慧患者不但是医师的医疗对象，也将成为机器人医生或其他网络医疗助手的服务对象，他们将接受多维的整体医疗服务。今后，医疗器械将成为智能革命的重要对象。

智慧患者最大的作用就是成就了医学互联网的有机终端，能够有效地把人类的信息连接起来，开发人体联网的巨大潜能。人类改变着世界，芯片将改变人类。人体芯片将把人体"升华"为智能通讯终端。对我们而言，人体的检验设备既可以外置无创运行，也可以经过复杂组织相容性实验后植入人体运行，为人类防病、治病提供帮助，这种带有芯片的人被称为"芯片人"。这种"芯片"可以是体内纳米机器人、智能辅助器官、辅助药物设备，如智能胰岛素泵。它们不但可以植入人体，还可以向外界提供人体信息，实现人体信息的双向流动，形成了医学互联网运行的活力需求，使得医学互联网运行拥有了重要的物质基础。

瑞士洛桑联邦理工学院已经研制出长约 14mm 的微型血液实验室芯片，芯片内装有 5 个传感器、1 个无线电传送设备以及 1 个电力交换系统，而体外的电池组可穿过人体皮肤提供 0.1W 的电能。这个芯片可以帮助医师监控病患，借助手机信号传送人体监测状况，具有心脏病发作的预警功能，其植入和替换也非常简单。美国萨米尔·卡马尔(Samir Qamar)博士管理的 MedLion Management 公司，已推出可用于远程检查常见疾病的便携式设备 MedWand，这个设备可与电脑和手机连接，数据可传至云端，患者不用上医院就可以直接测量心肺功能、心率、血氧等水平，协助医生远程诊断哮喘、支气管炎、皮疹等常见病，实现了医学互联网的远程医疗模式。MedWand 手持常规身体检测系统，对现有医学模式提出了深刻挑战。这就是大众流行的检验医学与预防医学模式，未来将成为主流。大众作为日常自我健康的管理者，这也许正是医学最高的境界之一。医学互联网给予人类最大的回报就是可以驾驭健康、延续生命、处理人体的各种疾病或病变。从这个角度分析，人类的平均寿命将大为延长，活到 90 岁、100 岁、120 岁将成为群系现象。这个变化会使得医疗保险公司的有关合同受到挑战，医疗金融权需要创新重组，医学互联网也需要造就新的金融消费模式。智慧医疗将成为世界文明发展的主要线路，人体将从生命的闭环运动转变为与外界人工系统之间的双向流动，人机网将实现统一，而且人体的运行方式将从自然运动变为与智能人工系统的复合运动，它使得人体的可观察性、可控制性、可持续性大幅提升，信息流、生命流的分享成为不可或缺的革新，它将是世界医学史的里程碑。

2014 年 6 月 2 日苹果公司借助年度开发者大会发布了健康管理平台 Healthkit，2014 年 6 月 26 日谷歌公司在 I/O 开发者大会上也发布了健康管理平台 Google Fit，2014 年 5 月 29 日三星也在洛杉矶发布了 SAMI 开源健康管理平台，这些平台都可以收集和分析用户健康数据，或面向第三方开发者提供软件接口，实现云端联网。苹果、谷歌公司等发布健康管理平台标志着医学互联网大发展的时代已经到来。医学互联网搜索引擎的关键基础是人工智能技术和搜索组织社会性的变革，这个领域最具革新性的将是机器人医生，这也是新一代医学互联网搜索引擎的领先架构。其中 IBM 公司的 Watson 别具特色，用机器人医生来代替新的医学搜索引擎的服务，它也可以被称为网络医生、电脑医生、虚拟医生、集群医生。2014 年，IBM 公司开始与得克萨斯大学安德森癌症中心合作开始推进"登月项目"，计划通过 Watson 的技术能力向癌症挑战，这个系统将帮助临床医生制定、观察和调整癌症患者的治疗方案，简化和标准化患者的病历、实验室数据和研究数据，实现肿瘤的高级深度分析。美国梅奥诊所 (Mayo Clinic) 等多个医疗、养老、健保项目也正在与 Watson 合作实验，扩大 Watson 的知识资料库，纳入梅奥诊所等公用数据库，训练 Watson 分析患者记录和提高临床诊治能力。Watson 的数据处理能力为每秒处理 500GB 以上，相当于阅读 100 万本书。目前，Watson 已经可以使用人工智能技术，借助自身数据库信息，给出患者诊断提示和治疗意见。

国际象棋大师加里·卡斯帕罗夫 (Garry Kasparov) 在与超级计算机深蓝 (Deep Blue) 开展人机大战后，说出了这样一番话："至少在国际象棋的世界里，人类已经无法战胜拥有压倒性数据和计算能力的计算机"。作为机器人医生，其医学知识搜索能力和数据库量度完全可以超过人类医生。专家团队还可以塑造机器人医生知识融会贯通能力和可持续发展能力，使其具有诊断准确率高、问诊量大、全日工作、自我纠错的特点，而且新的人工智能芯片也将被应用到新的医学诊断计算之中。虽然机器人医生的知识来自统计分析而非临床经验，其知识面超过了人类医生，但其具备的临床知识还难以与人类医生相比。医学的未来是医学互联网。当下，迫切需要建立医学互联网搜索引擎，一种类似于微信、百度之类的大型用户接口。医学互联网要取得成功，就需要将医学与互联网叠加起来。实验诊断、影像诊断、放射诊断、超声诊断、核医诊断、基因诊断等领域都将依托医学互联网创造出奇迹，新技术将组建成巨大的网络应用，我们正处在工业革命以来最重要的医学革命风口。

20世纪50年代末，美国学者Wittson首先将双向电视系统用于医疗；同年，Jutra等创立了远程放射医学。此后，美国利用电子通信技术进行医学活动，进行远程医疗(telemedicine)。经过几十年的发展，远程医疗的必要性已得到许多国家的认可。尽管现实应用还面临种种难题，但远程医疗对优势医疗资源共享、减少诊断差异、改进临床管理及提供医疗保健服务等方面的优势仍被普遍看好。远程医疗可以节省医生和患者的精力和时间，线上视频服务比线下就诊更具空间灵活性，是最有效的线下服务补充手段。特别是身处偏远地区的患者可从远程医疗中获得好处，医学专家能同时对不同地区的患者进行会诊。我国幅员辽阔，医疗水平区域差别明显，偏远的农村医疗资源欠缺，因此远程医疗在我国更有发展的必要。1988年，解放军总医院通过卫星与一家德国医院进行了神经外科远程病例讨论，这是我国最早的远程医疗尝试。1995年，上海教育科研网、上海医科大学远程会诊项目启动，并成立了远程医疗会诊研究室。目前，中国医学科学院北京协和医院、阜外心血管病医院等全国二十多个省市的数十家医院网站，已经为各地数百例疑难急重症患者进行了远程、异地、实时、动态电视直播会诊，并组织国内外专题讲座、学术交流和手术观摩数十次，极大地促进了我国远程医疗的发展，使我国远程医疗的核心技术(包括计算机技术、通信技术、数字化医疗设备技术和医院信息化管理技术)达到或接近国际先进水平。在我国，上海医科大学金山医院已经开展了远程医疗，会诊专家在网上为患者进行服务。西安医科大学在美国"亚洲之桥"基金会资助下成立了"远程医疗中心"，为中美远程医疗会诊提供了通道。以大数据为重要产业的贵阳市成立了"中国金卫贵阳远程医疗会诊中心"。

远程医疗不仅仅是一种新型医疗模式，其背后还暗藏了一条连接医疗、医保、医药的庞大产业链。目前，医疗、医保、医药的数据库虽然已广泛应用，但三方数据缺乏跨界融合，数据存在标准不统一、管理效率低、技术割裂等问题，还不是真正意义上的大数据。作为这个产业链中极为重要的一环，远程医疗不仅要连接上下游医疗资源，还要将药店与医疗机构对接。远程医疗需要面对来自这条产业链上各个利益方的问题。除了制定标准，还要让各个利益方在政策和市场的博弈下受益，形成协同分工，远程医疗才能走向正轨。

2.3.4 移动医疗

移动医疗不同于传统医疗方式，是一种崭新的与患者互动的诊疗模式。它是一种利用多种技术媒介而无须患者在场的医疗服务模式。最重要的是，在这种移动医疗支持下的"虚拟健康助理"将卫生与健康保健的核心从不定期的"看病"转化成了定期的健康维护。这种转变能促进个人的健康，降低疾病发生率，提高患者的服药依从性，降低医疗费用。

如何改变一家百年老店的经营模式？这是我们在向医疗服务机构和医院推荐移动医疗时必须回答的问题和面临的挑战。让医生、护士和大型医疗机构采纳移动医疗模式看病，这就意味着要改变他们已经习惯的临床诊疗模式，在原有的模式里，医疗服务机构和医院是在首要位置的，而患者是在第二位置。因此，我们需要改变当前的医疗模式和思维，重新认识移动医疗并解释其治病救人的意义。

推动患者参与移动医疗会让许多医生感到恐慌。普华永道会计师事务所和《经济学人》杂志曾调查发现，42%的医生担心移动医疗会让他们的患者太过独立，而对于入行不到 5 年的医生，当中的 53%有这种担忧。只有 1/3 的医生鼓励患者用移动医疗参与管理他们自己的健康，而 13%的医生却尽量阻止他们的患者参与。原因是医生们担心把更多的权力下放到患者手里，会降低医生的权威甚至减少患者对医生的需求。的确，如果患者通过移动医疗获得了对自己健康的更大控制权后，就会引发大规模颠覆性医疗模式的改变——从以医疗机构和医院为中心的服务模式转变为以患者为中心和以患者为主导的医疗模式。

手机在越来越多的时候充当着"生命线"的角色，它使得偏远地区的人们能够更及时地获得他们所需的医疗服务，并在全世界最贫困的地区完成此前难以想象的医疗服务。随着移动互联网技术的发展，有的医院已经可以微信挂号，有的已经可以用支付宝结算医疗费用。

在所有移动医疗设备中，手机拥有简单可靠的用户交互界面，可与个人健康检测和监护完美地结合起来，可为患者及关注自身健康的人群提供前所未有的便捷。利用手机实现健康检测的独特优势在于可以对人体几乎所有生理参数进行检测，当有关生理信息出现异常时，可通过声音提醒用户。同时，手机可以存储多个测量结果，以供进一步分析。另外，用户还可以通过手机将检测结果发送到医疗机构，一旦发生紧急情况，这种与急救机构之间不受空间和时间限制的通信将发挥重要作用，使其可以作为一种具有普适意义的泛在医疗监护技术。

此外，依托于手机强大的多媒体功能，还可以发展出一系列的手机生物医学图像技术。手机超声波成像系统的作用潜力巨大，有"美国生物界乔布斯"之称的乔纳森·M. 罗思伯格与麻省理工学院的工程师们共同创立了 Butterfly Network

公司，其目标是研究便捷的手机超声波成像系统以获取医学影像，建立一个人体成像超级数据库，利用人工智能技术辅助临床治疗。

2.3.5 颠覆传统医学

20世纪中期，奥地利经济学家约瑟夫·熊彼特（Joseph Schumpete）提出其最著名的"创造性破坏"理论，以此表示伴随根本性创新而发生的转型。一个产业在革新之时都需要大规模的破旧创新。如今在数字化设备大规模高强度地渗入日常生活之际，医学却成为数字化革命大潮中的孤岛。医生们对这种改变心存抵触，且医疗成本的指数级上涨使患者感到危机重重。医生与医疗界与生俱来的"坚韧"，使其很难适应数字世界。医学界的亘古不变使日常的医疗实践与如火如荼的信息化相距甚远，数字革命与医学领域几乎是处在两个并行不悖的世界中。正是由于医疗健康系统的积重难返，导致医疗与健康信息的来源与医生们渐行渐远，日益被人们所信赖的社交网络包围。传统的医学是非常不精准的，绝大多数筛查试验和治疗都在错误的个体身上过度使用，从而造成巨大浪费。如何加快对疾病的真正预防，医学界并没有取得任何实质性进展。时至今日，生命科学已成为世界的主角。数据爆炸使以前的科学研究方法都已落伍，不要随机样本，而要全体数据。统计学盛行不过百年，但现已过时，最好的统计方法就是穷举：样本=总体。医学的临床实践领域将被彻底革新，促使其创新的力量是互联网。为了顺应数字化的洪流，我们迫切需要数字世界入侵医学之茧，充分利用数字化人体这一崭新而激动人心的技术能力突破医学领域的壁垒。

大数据的本质是开放与分享，只有分享才能充分发挥大数据的巨大价值，只有分享才能使大数据得到更好地运用。在大数据时代，拥有哲学的思辨对于日益"只见树木、不见森林"的医者来讲更为重要。同时，要防止凭借技术进步一味追求所谓的完美。尽管越来越多的人意识到无限发展、无限解放所蕴含的危险，但很少有人能够抵御发展和解放的巨大诱惑。迈克尔·J.桑德尔（Michael J. Sandel）曾一针见血地指出：人们利用科技的进步病态化地追求完美蕴藏着深深的危机，可能导致人类道德基础的坍塌。正如维克托·迈尔-舍恩伯格（Viktor Mayer-Schonberger）和肯尼思·库克耶（Kenneth Cukier）所言："大数据并不是一个充斥着算法和机器的冰冷世界，人类的作用依然无法被完全替代。大数据为人们提供的不是最终答案，只是参考答案，帮助是暂时的，而更好的方法和答案还在不久的未来。"因此，无论何时必须铭记：大数据只能服务于人，而不是驾驭人。尽管医疗技术的进步一日千里，但医生面对的依旧是有血有肉的患者。现代医学之父威廉·奥斯勒（William Osler）说过：行医是一种艺术而非交易，是一种使命而非行业。在大数据时代，人们已拥有了数字化人体的技术，还需要针对个体而非群体的实验数据。对于医生而言，在医学新时代的每个人在个体层面上都是独特的。未来的医生不再扮演知识仓库的角色，而将成为知识管理者，应更多地与患者沟通，为患者提供决策咨询或帮助，成为聪明患者的伙伴，这就需要医生更新观念和意识。只有从现有数据入手，以拥抱患者为核心任务，以解决临床问题为基本出发点，才能成功开启"破冰之旅"，切实推动中国医疗大数据的发展。

在医学技术高度发展的今天，随着大数据时代的临近，人类对一些重要疾病的治疗也发生了翻天覆地的变化。肿瘤曾经是让人望而生畏、影响人类健康的顽疾。基因组计划的完成，加上各种分子检测手段的运用，为肿瘤研究和治疗开辟了新的途径。下面就大数据时代人类进行肿瘤研究的一些新方法进行介绍，希望读者从中看到医学的一些新进展。

1. 人类继续探索肿瘤

肿瘤一直以来都是科学家想要攻克的难题，其治疗难度很大，在"病魔排行榜"中一直占据首位，所以民间流传着"得了癌症就等于判了死刑"这样的话。人类对于肿瘤的治疗还缺乏理想的手段，要提高对肿瘤的治疗效果，需要从DNA分子水平去寻找答案。DNA双螺旋模型的提出者詹姆斯·沃森在晚年也热衷于肿瘤的基因组研究，在他的推动和多方共同努力下，在浙江大学成立了沃森基因组科学研究院。癌基因应该是肿瘤分子生物学研究的重点，自从1983年罗素·F.杜利特尔(Russell F. Doolittle)报道猴肉瘤癌基因 *v-sis* 与人类的血小板生长因子(PDGF)是相同序列以来，利用序列比对方法在不断更新的数据库中搜索所有的新序列成为许多研究者的首要任务。生物信息学促进了生物医学的发展，特别是对于人类基因组数据的分析，将会获得许多有价值的生物信息，揭示基因组信号内在的生物学意义，了解疾病发生机制，为肿瘤的临床治疗制定策略。表观基因修饰是基因表达调节的一种重要方式，与人类肿瘤发生有密切关系，逐渐引起医学研究者的重视，在认识肿瘤发生机制以及新的分子靶向药物研究方面有重要意义，有望开拓肿瘤治疗的新方向。

在肿瘤细胞中结构变异(structural variation)或者原有的SNP(preexisting SNP)可能会造成细胞进入失控的生长代谢状态，但通常只有从头发生的体细胞突变和基因重排才会导致细胞癌变或者病情进一步进展。肿瘤不同部分的细胞中甚至都有可能发生不同的基因组变异，肿瘤基因组实际上是一个有很多不同细胞基因组组成的复杂的混合体。除了新生突变(*de novo* mutations)之外，DNA转位(translocations)也是一项重要的致癌因素，全基因组深度测序(deep sequencing)技术也可以用于发现DNA转位现象。如果能在临床的某个特殊阶段全面地掌握患者体内的这些DNA转位情况，那么这些数据的潜在价值将是无法估量的。

人类肿瘤基因组计划(cancer genome atlas project)的目的就是构建高分辨率的癌症分子信息数据库。肿瘤基因组鉴定中心将使用最先进的技术来全面发现基因组水平、表观基因组水平和转录组水平的变异情况，并研究这些变异在癌症中起到的作用。上面提到的所有全基因组分析结果最终都将被用来描绘一幅完整的癌症发生发展情况图，这些研究成果将帮助我们预防与治疗癌症。

2. 表观基因组学用于肿瘤治疗

DNA编码序列会受到各种复杂调控机制的控制，包括对基因组的表观修饰。DNA最常见的甲基化形式是5′-胞嘧啶甲基化，甲基化特异性的OligoArray芯片和甲基化特异性的限制性内切酶(methylation-specific restriction enzymes)这两种新技术可以让我们看到DNA甲基化的细节，也可以对大量样品进行甲基化检测，了解表观遗传学变化与疾病之间的关系。不过，技术的局限性仍然阻碍了对基因组范围内甲基化导致的基因沉默和基因印迹情况的研究。肿瘤细胞和周围正常细胞的DNA甲基化模式是不同的，这说明肿瘤细胞的生长可能不只依靠体细胞突变，还取决于基因甲基化水平的改变。有证据表明，甲基化在个体发育、衰老以及基因与环境相互作用等方面都起到了重要作用。比如，随着年龄增长，同卵双胞胎(monozygotic twin)之间的表观遗传学差异会越来越多。时间的流逝以及暴露于各种不同环境因子下而发生改变的甲基化水平可能就是造成老龄化相关疾病的原因。这些研究成果掀起了在基因组范围内全面研究表观遗传修饰的热潮，促成了表观基因组计划的诞生。

表观基因组学(epigenomics)主要研究基因组水平上的表观遗传学改变，如DNA甲基化、组蛋白修饰、染色体重塑等，但与肿瘤相关的表观修饰主要体现在DNA甲基化和组蛋白修饰两方面。癌细胞基因组表现为整体欠甲基化和局部超甲基化。超甲基化体现为抑癌基因启动子区的异常甲基化，整体欠甲基化与重复序列(如转座子)以及癌基因启动子区甲基化程度减小、基因组遗传不稳定性的增加密切相关。随着高通量分析手段如ChIP-on-chip和ChIP-seq的发展，现在研究者能够在基因组尺度分析基因组-表观组相互作用及其对基因表达的影响。一些表观组分析软件也被开发出来，如EpiGRAPH和Galaxy，两者结合起来可以证实富含SNP启动子的甲基化修饰。此外，还建立了一些表观遗传数据库，如MethDB、MethyCancer、PubMeth和MethCancer DB，其中MethDB和MethyCancer可进行可视化表观修饰分析。

参与表观修饰的酶或蛋白质常作为肿瘤研究的靶点，对于新的分子靶向药物研发，以及肿瘤表观基因治疗有重要价值。DNA甲基化是由DNA甲基化转移酶(DNMT)来完成，DNMT抑制剂可以使肿瘤中超甲基化的抑癌基因被重新激活。如5-氮胞苷(5-azacytidine)通过阻断DNMT在甲基化反应中的中间步骤，造成基因组DNA的去甲基。CpG位点甲基化可降低*BRCA1*启动子对转录因子的易感性，下调癌细胞中超甲基化*BRCA1*的转录活性。5-氮胞苷的脱氧核糖类似物，如地西他滨(decitabine，或称5-aza-2′-deoxycytidine)、法扎拉滨(fazarabine)、折布拉林(zebularine)等也具有 DNMT 抑制作用。

异染色质蛋白 1(Heterochromatin Protein 1，HP1)是一种强转录抑制因子，位于浓缩的沉默染色质区。HP1 结合到染色质上，这在一定程度是由特异性识别第 9 位赖氨酸(K9)被甲基化的 H3 组蛋白尾端的保守染色质结构域所介导的。这种结合是不稳定的，在有丝分裂过程中，可以被 H3 的第 10 位丝氨酸(S10)磷酸化伴随第 14 位赖氨酸(K14)乙酰化所逆转。这些组蛋白修饰也可根据几种受 MAP 激酶和 NF kappa-B 通路调节的诱导型启动子的活性观察到。这些修饰也可通过核受体对转录活性起作用。核小体组蛋白乙酰化和去乙酰化影响染色质的结构及形态变化并直接参与基因表达的调节，且该修饰是可逆的，这为研究肿瘤的药物治疗提供了平台。目前与组蛋白异常去乙酰化修饰调节相关的抗肿瘤药物研发集中在组蛋白去乙酰化酶(histone deacetylase，HDAC)抑制剂上。这类调节组蛋白异常去乙酰化的 HDAC 抑制剂在体外实验中能选择性地阻滞细胞周期、促进细胞分化、诱导细胞凋亡、抑制血管生成等，而对正常细胞的毒副作用较小。目前已经确认的 HDAC 抑制剂分为两类：天然化合物及其衍生物、从化合物库中筛选得到的药物。天然化合物及其衍生物包含：CHAP31、短链脂肪酸类的丁酸盐(butyrate)和丙戊酸(valproic acid)、异羟肟酸类的曲古霉素 A(trichostatin A，TSA)和 pyroxamide、环状四肽类的 depudecin、apicidin、trapoxin A 和 trapoxin B。从化合物库中筛选出了异羟肟酸类药物辛二酰苯胺异羟肟酸(suberoylanilide hydroxamic acid，SAHA)及苯甲酰胺类药物 MS-275。有研究报道，DNMT 抑制剂能增强 HDAC 抑制剂对肿瘤细胞的促凋亡作用。

3. 生物芯片诊断肿瘤

高通量、基因组尺度的表达谱技术的发展可使研究者对肿瘤基因组的全貌进行透视。特别是高密度微阵列和基于测序的策略已经广泛用于确证肿瘤的遗传和表观遗传异常。尽管这些一维表达谱技术对于癌基因的发现有所帮助，但受低频率事件影响的基因常被忽略。多维平行分析技术能够证实受多种机制干扰但在低频率时受单一机制和组分影响的基因和通路。多维平行分析技术在肿瘤基因组研究上的应用，能够对驱动肿瘤细胞的关键基因和通路有更深入的认识。生物芯片(bio-chip)在各种组学研究中发挥着重要的作用，如转录组学、代谢组学以及表型组学，可应用于肿瘤诊断，解析肿瘤的分子机制。早在 1996 年，Hacia 等就利用寡核苷酸芯片检测乳腺癌基因 *BRCA1* 第 11 个外显子(3.45kbp)内所有的杂合突变，包括碱基替换及小的插入、缺失等，并据此确定发病风险。

DNA 芯片技术用于基因组研究可创建第三代遗传图，已用于肿瘤诊断。DNA 芯片在检测单核苷酸多态性(SNP)方面独具优势，可构建以 SNP 为分子标记的遗传连锁图谱。个体 SNP 基因型可为评价疾病易感性和治疗优化选择的基础。在人类基因组中大约 1kbp 出现一个 SNP，若能将所有 SNP 信息装入 DNA 芯片，则可检测肿瘤患者与正常人以及不同肿瘤患者遗传背景的差异，了解肿瘤发病机理。将正常人基因组 DNA 和肿瘤病人基因组 DNA 与 DNA 芯片上的微阵列杂交，可分别得到标准图谱和肿瘤病变图谱。通过比较，可以得到肿瘤 DNA 突变、缺失等信息，然后针对病变的靶序列设计基因药物或基因疫苗，达到治疗目的。

表达谱芯片以其大规模、高通量和并行处理的优点，为研究肿瘤发展中的基因开关及表达程度提供了强有力的工具，并可获得肿瘤细胞生长各期与肿瘤生长相关基因的表达模式，从而对肿瘤进行分子分型。利用表达谱芯片获取基因表达数据，采用 eQTL 作图方法筛选 *cis-*或 *trans-*转录调节因子，对于了解肿瘤生长相关基因的表达调控方式，构建基因调控网络以及认识肿瘤发生机制都十分重要。

蛋白质在肿瘤发生、浸润和转移等方面有重要作用，而后基因组时代对蛋白质功能的研究将对基因组中功能基因的认识提供很有价值的信息。蛋白质芯片不仅可以检测蛋白质与蛋白质之间的相互作用，而且还可以测定蛋白质与 DNA、RNA、配体和其他小分子化合物之间的相互作用，在肿瘤和其他疾病中可用于靶向药物与新药研制，同时也可用于诊断自身免疫性疾病。

生物芯片技术已被证明可以进行基因诊断、基因表达研究、发现新基因、蛋白质与蛋白质以及蛋白质与其他生物大分子的相互作用等众多领域的研究，具有广阔的应用前景。但生物芯片是众多学科多种技术相互融合、相互渗透的产物，对生物芯片数据信息的处理还需要功能完善的生物信息学软件，在某些技术方面仍不够完善，要成为实验室或临床可以普遍采用的技术仍有一些关键问题待解决。

4. 生物信息学助力肿瘤研究

21 世纪是生命科学的时代，生物信息学为生命科学的发展提供了便利和强有力的技术支持，具有重要的基础研究价值。在应用研究方面，生物信息学在寻找人类疾病基因、预测基因和蛋白质的结构及功能和合理设计药物等方面都起着重要作用。过去几十年，虽然已经收集了大量有关癌症分子和遗传特征的信息，但这些知识主要是基于还原论途径，并且局限于某个研究方向，而癌症又被医学研究者认同为"系统生物学疾病"。因此，对于癌症的研究更适合使用综合方法，而不是通过简单地了解各部分的功能来实现。不能用现有的处理复杂问题的方法将所有知识进行整合，还必须考虑生物网络，了解生物分子之间的相互关系和作用。研究者经过多年的经验总结得出这样的论断：对于复杂问题的了解只考虑基因组内的序列是不行的，还必须考虑基因组之外的因素。系统生物学将实验的多变量数据与数学和计算机方法相结合，模拟生物系统进行假设检验，或从高通量数据来说明未知的东西。代谢组学将基因型和表型连接起来，以对病理机制和代谢表型进行全面了解，为新的靶向药物提供筛选工具。IntNetDB 正是基于系统生物学思想用于研究基因相互作用而开发的数据挖掘工具。徐兴兴等通过 IntNetDB 找到基因 *PPP4R1* 的伙伴基因，用 CFinder 工具找其社团基因，并采用 Chilibot

在线工具分析社团基因与肿瘤的关系,继而推测 *PPP4R1* 与胃癌的联系。

基因组测序极大地加快了发现导致癌症的基因变异,但同时产生的海量基因数据又很少被利用,因为这些数据并未与临床数据相整合,如家族病史。此外,当前的基因组数据通常又以文档形式存在,不容易被搜索、共享,而且许多医生都读不懂。建立独立的肿瘤相关的生物信息数据库可以更好地为肿瘤的研究提供支持。如美国国家癌症研究所(National Cancer Institute,NCI)的小鼠肿瘤生物学(mouse tumor biology,MTB)数据库[1]、强生研究院的小鼠数据库和人类肿瘤联盟的小鼠肿瘤模型数据库、法国国际癌症研究院(International Agency for Research on Cancer,IARC)[2]的人类肿瘤和细胞 *p53* 基因突变数据库、斯坦福大学的 SMD 数据库[3]、耶鲁大学的 YMD 数据库和欧洲生物信息学研究所的 ArrayExpress 数据库等。利用 EST 数据库对全基因组进行肿瘤差异表达基因的筛选,是一种思路新颖、经济有效的方法,对肿瘤标志物的鉴定具有重要意义。在基因组水平对肿瘤相关基因进行扫描和筛选,可很快找到肿瘤易感基因和发病基因,同时可以很快地设计出靶向治疗药物。因此,随着生物信息学在肿瘤研究方面的应用,人类将逐渐认识肿瘤发生的分子机制,将会有更好的手段去预防和治疗肿瘤。

5. 整合医学为肿瘤治疗带来希望

整合医学是传统医学观念的创新和革命,是医学发展历程中从专科化向整体化发展的新阶段。这种观念的变革不能简单地被视为是一种"回归"或"复旧",而应该被认为是一种发展和进步。这不仅要求我们把现在已知各生物因素加以整合,而且要将心理因素、社会因素和环境因素也加以整合;不仅需要我们将现存与生命相关各领域最先进的医学发现加以整合,而且要求我们将现存与医疗相关各专科最有效的临床经验加以整合;不仅要以呈线性表现的自然科学的单元思维考虑问题,而且要以呈非线性表现的哲学多元思维来分析问题,通过这种单元思维向多元思维的提升,通过这四个整合的再整合,构建更全面、更系统、更科学、更符合自然规律、更适合人体健康维护和疾病诊断、治疗和预防的新的医学知识体系。

肿瘤是全身疾病的局部表现,所以在肿瘤的治疗中应该兼顾全身机体、局部肿瘤与治疗手段,以及三者之间的相互作用关系。肿瘤的发生发展机制都是受多方面因素制约的,单一的、分裂的思维方式难以完全应对肿瘤的防治,这就需要整合医学。整合医学旨在通过个体化的、循证为基础的临床治疗、医学研究和培训等手段,使癌症患者及其家人成为自身身体、精神和社会健康的积极参与者,

---

[1] http://tumor.informatics.jax.org/mtbwi/index.do。
[2] https://www.iarc.fr/。
[3] http://genome-www.stanford.edu/。

达到加强健康、改善生活质量和临床治疗结果的目标。

中医在肿瘤治疗方面有独特优势，但对于大多数肿瘤而言，中医药应当配合西医治疗才能起到最好的效果。中西医结合模式已在肿瘤治疗中取得了明显疗效，是整合医学的体现。在肿瘤治疗方面，综合治疗、多学科探讨以及个体化治疗都促进了治疗模式的进步，整合医学的合理应用将有助于建立肿瘤治疗新模式。将基因组学、蛋白质组学和代谢组学等先进生物医学技术，以及材料学、信息科学等诸多学科在临床上有效地整合利用，形成系统研究肿瘤发病、治疗及预防的方法。同时还要将基础研究与临床诊疗系统整合，促使基础、临床不同层面医学研究者进行紧密合作，形成多领域、多学科的交叉融合、多靶点的系统防治研究、微观与宏观相结合、静态与动态相结合、生理与病理相结合、医学与人文社会科学相结合的新型医学研究体系。

现在有很多人都赞成将医学分为主流医学和非主流医学。主流医学是指在特定时空中为大多数人所乐于或不得不采用的主要医疗方式。非主流医学则是指不同国家和地区存在的不属于主流医学的医学理论和医疗方式，包括中医、中药、针灸、气功、按摩、骨伤整治、催眠、心理咨询、心身医学等。为了整合主流医学与非主流医学，加强对非主流医学的研究，美国国立卫生研究院设立了非主流医学研究机构——辅助和替代医学研究中心，目前在美国多个州设立了类似的机构。在我国，中医药和针灸通常与西医相互结合用于临床疾病治疗，显著提高了疾病的预防和治疗效果，是整合医学的具体体现和实践运用。在肿瘤治疗方面，中西医结合可能是攻克肿瘤的突破口。中国科学家运用中西医整合的理论，使用砒霜、全反式维甲酸和化疗的综合治疗方法，治疗急性早幼粒细胞白血病获得成功，急性早幼粒细胞白血病成了第一个被人类攻克的肿瘤。

从生命科学的整合思路出发，可以将原本孤立的生物体中复杂的生物大分子相互作用与生理、生化、行为、环境的影响进行有机整合，使不同领域的学术成果相互交流，形成更广范围、更高层次的整合医学。整合医学不仅是一种治疗方式，更是一种治疗理念，其核心是"以人为本"和"以患者为中心"。建立基于整合医学的扶正抗癌并举的个体化治疗新模式，将为肿瘤治疗开辟新的方向，是未来医学发展的必然趋势。

第 3 章　大数据对制药公司的影响

3.1　药靶的筛选

药靶(drug target)是指各种来源的化学物质进入人体后,与组织、细胞在分子水平上相互作用而产生治疗效果的结构。药物进入人体后必须同人体细胞表面或细胞内的各种药物受体结合,发生相互作用后才会引发一系列生化反应,进而达到治疗的作用。纵观整个药物发现发展过程,有效药物作用靶位的筛选与鉴定是其核心之一,也是现代新药研发的一个重要突破口。一个良好的药靶,必然是主控某一特殊的生物途径或针对某一特定的因子,而对其他途径或因子影响甚微或没有影响,根据这些靶位进行设计或筛选的药物,是在疾病的治疗中起到关键作用,而对其他的生物过程通常不起作用,即作用特异、疗效显著、副作用小或无的药物。药靶的研究可在基因和蛋白质两个层面进行。

人类基因组计划的开展和组合化学库(combinatorial chemistry)技术的发展,使高通量筛选(high-throughput screening)成为各制药企业和研究机构抢占市场、加快药物研发步伐的首选。据初步估计,人类基因组包含大约 34000～40000 个基因,按照传统的药靶分类,潜在的药靶将达到 6500 个,其中 G 蛋白偶联受体(G protein-coupled receptors,GPCRs)2000 个、离子通道蛋白 1000 个、蛋白酶 3500 个(其中蛋白激酶 2000 个)和大约 160 个细胞核受体。由于有几千个蛋白质分子可以用作潜在的药靶,因此如何从数目巨大的潜在药靶中发现和确定正确的药靶是后基因组时代新药研发的起始步骤,也是新药研发中最关键的步骤之一。后基因组时代发现和确定新的药靶模式已发生了显著变化,即从传统上的"从功能到基因"过程转变成"从基因到功能筛选"的过程。"从基因到功能筛选"这一模式虽然才刚开始,但已出现许多成功的例子。例如,现已找到孤独性 G 蛋白偶联受体 GPR14 的同族配基神经多肽 urotensin II,它是迄今发现的最强大的神经性血管收缩活性物质,其作用比血管内皮素 1 还强 10 倍以上,是获得治疗与血管收缩异常有关的疾病,如高血压、充血性心力衰竭和冠心病等药物的非常有前景的药靶。

尽管不是所有基因都可以作为药靶,但肯定有相当一部分基因所编码的产物能够作为治疗的靶点,需要的是去发现它们。对于疾病相关基因的寻找,明确其结构、功能及在基因调控网络中所处的位置,对药靶的筛选与确认具有重要意义。功能克隆、定位克隆、染色体局部区域内的基因克隆与基因转录图谱、物理捕获、差异显示、外显子捕获、DNA 芯片技术、基因组扫描、突变体系检测以及比较基因组学研究等,均可用于疾病相关基因的筛选与确定。

与现行有效药物作用相关的基因,也可以成为良好的药靶,可用于新药的研究。尤其是中药,它对一些疑难杂症具有良好的疗效,若能明确作用靶位和作用机制,无论是对新药的研发还是中药的现代化,都具有深远的意义。虽然可导致或参与药物毒副反应的基因不是开发所需要的药物靶位基因,但它们却可以指示候选药物的毒副反应,在药物筛选中具有不可或缺的参考价值,在新型药物筛选型芯片研制中是一个重要的功能模块。

药物进入人体发挥功效是一个多环节、多途径的过程,药物代谢是首要环节。研究与药物代谢转化有关的基因,也是新药研究不可缺少的部分。药物基因组学正聚焦该领域,药物代谢酶的基因多样性研究成为核心。G 蛋白偶联受体(GPCRs)介导的细胞生物学反应异常涉及许多危及人类健康的疾病,如心血管疾病、肿瘤、代谢内分泌异常、消化吸收异常和炎症反应等。由于具有重要的理论意义和极大的应用价值,GPCRs 介导的信号传导机制和细胞生物学反应已成为最近 20 年生命科学的热门研究领域。基于此,GPCRs 已经成为药物筛选的重要靶标。到目前为止,世界范围内 20 种最畅销药物中的 12 种药物的作用靶标为 GPCRs,这些药物包括充血性心力衰竭药物 Coreg、高血压药物 Cozaar、乳腺癌药物 Zoladex、焦虑药物 Buspar、精神分裂药物 Clozaril。此外,抗溃疡药 Zantac 和治疗过敏性鼻炎药物 Claritin 的作用靶标也是 GPCRs。这类药物每年的销售总额高达 2000 亿美元。

如果细胞生长因子受体信号传递通道的遗传和发育异常,都可能导致多种疾病,特别是与生长异常相关的肿瘤或癌的发生。与人类肿瘤相关的癌基因或前癌基因中 80%编码的蛋白质是蛋白质酪氨酸受体以及受体信号传导通道成分,因此从药靶的角度来看,由受体酪氨酸激酶(receptor tyrosine kinase,RTK)起始的蛋白激酶链式反应过程中的各种信号分子都可能成为药靶。以 RTK 以及信号通路蛋白分子为药靶的新药研究适合于筛选抗肿瘤类药物,现已取得了重要成果,如甲磺酸伊马替尼(格列卫)、达沙替尼、吉非替尼、埃罗替尼等药物对各种实质性肿瘤,如非小细胞肺癌、乳腺癌、卵巢癌、头颈部鳞癌、结肠癌、胃肠道间质癌、口腔癌和白血病等癌症都有不同程度的疗效。

细胞膜离子通道是调节细胞兴奋性的一类重要膜蛋白结构,是调节控制离子跨细胞膜运动的孔道蛋白装置,它们参与调节细胞的各种生理活动。以阳离子通道为例,钠离子通道、钙离子通道、钾离子通道都是电压敏感型阳离子通道,它们都是由一个形成离子孔洞的 α 亚基和一个或者几个辅助性亚基组成。各种离子通道蛋白或其辅助亚基已经成为仅次于 GPCRs 的药物作用的重要靶点,为新药发现和发展提供了广阔的前景。其中钾离子通道由于亚型多,功能复杂,潜在的病理、生理和药理学意义重大,成为近年心血管系统疾病药物作用的新靶点焦点。如 E4031、西沙比利、阿司咪唑、奎尼丁、非索非那定等药物都是通过增加离子通道的一些运输缺陷的表达治疗心律失常的药物。

　　细胞核受体在调节细胞生长、分化、发育、生殖、体内物质代谢和机体生理功能方面发挥了关键作用，以细胞核受体作为药靶筛选新药可用于临床治疗各种内分泌、代谢、炎症、自身免疫等相关疾病或临床综合征。如各种抗雌激素作用的抑制剂已经成功地应用于肿瘤和内分泌疾病治疗的方案中。抗雌激素药Tamoxifen是用于治疗乳腺癌的雌激素受体抑制剂，该药也能防止绝经期妇女雌激素降低后的心脑血管危险。

　　随着功能基因组学、功能蛋白质组学、生物信息学的出现和发展，成千上万由基因组研究发现的基因以及它们的产物蛋白质分子功能将很快得以阐明，这将为新药发现和发展提供数以千计的潜在药靶。发现和确认具有重要病理生理功能的生物分子作为新药研发的药靶已经成为新药研发项目成功与否的关键。

3.1.1　药物基因组学

　　治疗疾病的药物成千上万，即使针对一种疾病的治疗药物，往往也有数种甚至10多种。医生在给患者开处方时，实际上是在做多选题，选对药物的概率与医生的临床经验有很大关系，但由于患者之间在遗传组成上有差别，即使经验丰富的医生也难免出现失误。处方的治疗效果是否很好，还需要经过患者服用之后做进一步的了解，并根据情况进行适当调整。在我国绝大多数医院，医生开具处方药物往往依据的是临床经验，而不是客观指标。这样做的结果是，一部分疾病得到了治愈或控制，但也难免有一部分药物"不对症"，最终医生是"劳而无功"，加剧了目前已经十分紧张的医患关系。为了准确选择药物，科学家和医学家尝试了许多方法，并获得了一定成效，但仍然无法令人满意。随着人类基因组学研究的进展，药物基因组学应运而生，使人们终于可以揭开药物疗效与毒副反应的神秘面纱，为高效和安全用药带来了曙光。

　　1. 药物基因组学的概念及其研究内容

　　1997年6月28日金赛特（巴黎）可伯特实验室宣布成立世界上第一个独特的基因与制药公司，研究基因变异所致的不同疾病对药物的不同反应，并在此基础上研制新药或新的用药方法，这一新概念被称为药物基因组学(pharmacogenomics)。药物基因组学研究药物反应的遗传多态性，包括药物代谢酶的多态性、药物受体的多态性和药物靶标的多态性等，从而在基因组层面揭示药效和不良反应的个体差异，从分子水平证明和阐述药物疗效以及药物作用的靶位、作用模式和毒副作用。药物基因组学是在药物遗传学的基础上发展起来的一门科学，它充当了功能基因组学与分子药理学之间的桥梁，将基因理论和临床治疗有机地结合起来。因此，药物基因组学是以药物效应及安全性为目标，研究各种基因突变与药效及安全性的关系。药物基因组学是研究高效、特效药物的重要途径，通过它为患者或者特定人群寻找合适的药物。药物基因组学强调个体化，因人制宜，有重要的理论意义和广阔的应用前景。

药物基因组学将基因组技术，如基因测序、统计遗传学、基因表达分析等用于药物的研究开发及更合理的应用。基因检测等技术的发展已经给鉴定遗传变异对药物作用的影响提供了前提条件，可用高效的测定手段如 PCR、等位基因特异的扩增技术、荧光染色高通量基因检测技术等来检测药物靶点或与药物代谢相关的基因变异。DNA 阵列技术、高通量筛选系统及生物信息学等的发展，为药物基因组学研究提供了多种手段和思路。此外，对于药物个体差异遗传机制的研究，有助于降低新药研发中不可预期毒性的风险，明确哪些病人将会有最好的治疗效果，收益程度最大；或者淘汰那些对患者疗效不佳、容易出现严重不良反应的新药。越来越多的经美国食品药品监督管理局（Food and Drug Administration，FDA）批准的药品说明书中都提供了药物基因组学方面的信息。生物学信息在药物的研发、管理和临床应用方面的融合和使用在以后将会持续。

2. 在合理用药中的应用

影响患者对药物反应的因素有很多，包括患者本身的内在因素如年龄、性别、种族/民族、遗传、疾病状态和器官功能等，还有其他生理变化，包括怀孕、哺乳以及外源性因素，如吸烟和饮食。"基因变异可导致疾病表现和药物反应的多样性"这一观念目前已得到广泛认可。对于一些遗传因素影响研究比较明确的药物，在治疗上可以根据基因信息的指导进行给药，避免其毒性并使治疗效果达到最优化。

合理用药的核心是个体化用药。全球每年死于不合理用药 750 万人，位居死亡人数排行的第四位。我国因药物不良反应住院的病人每年约 250 万人，直接死亡 20 万人。我国每年发生药物性耳聋的儿童约 3 万多人，在 100 多万聋哑儿童中，50%左右是药物致聋。药物基因组学通过对患者的基因检测，指导临床开出适合每个个体的"基因处方"，使患者既能获得最佳治疗效果，又能避免药物不良反应，达到"用药个体化"的目的。通过对不同个体的药物代谢相关酶、转运因子、药物作用靶点的基因多态性的研究，对突变的等位基因进行分离和克隆，在分子诊断水平上建立以 PCR 为基础的基因型分析方法，在治疗患者各种疾病前检测其基因型，更精确地选择适当的药物和合适的剂量以减少不良反应，对患者的治疗具有重要意义。可以预见，随着基因分析技术的发展，越来越多的药物效应的个体差异与基因多态性的关系被阐明，药物基因组学将更广泛地指导和优化临床用药。

药物基因组学可针对不同的基因型"量身定做"药物，从而充分发挥药物的药效，最大限度减少药物不良反应。目前，已经有人将药物基因组学应用于高血压、哮喘、高血脂、内分泌、肿瘤等的药物治疗中。如原发性高血压是多因素诱发的疾病，对于许多患者，高血压药物的不同药效和耐受性与遗传变异有关。Ferrari 发现，一种细胞骨骼蛋白（cytoskeletal protein）、内收蛋白（adducin）的基因多态性与高血压的发病、对钠敏感性以及对利尿剂的效果相关。因此在用利尿剂治疗高血压时，可以预先对患者进行基因检测，以确定使用合适的药物。血管紧张素转化酶抑制剂（ACEI）是常见的降压药物。如果病人 *ACE* 基因的第 16 位内含子出现缺失突变，其转化活性就比出现插入突变明显加强。因此携带这 2 种突变的患者，对降压药依那普利的药效大不相同。*ACE* 基因发生插入突变将使病人在接受 6 个月疗程的依那普利治疗时有较好的疗效，而杂合子缺失突变的等位基因则会使患者对该药不起反应。基因数据在确定临床治疗药物时起到了至关重要的作用，真正让医生做到有的放矢、对症下药。

临床上广泛使用的抗肿瘤药物 5-氟尿嘧啶（5-FU）的药物代谢存在较大个体差异。5-FU 代谢的关键酶——二氢嘧啶脱氢酶（DPYD）的功能缺陷可以提高活性 5-FU 代谢产物浓度，但同时会产生严重不良反应。胸苷酸合成酶（TS）表达水平影响 5-FU 的疗效，在 TS 表达水平低的结直肠癌患者中疗效更理想。切除修复交叉互补基因 1（*ERCC1*）影响多种肿瘤对铂类药物和 5-FU 治疗的临床效果，对表达水平低的患者具有更好的疗效。

3.1.2 大数据如何给药物研发带来新革命

创新药物研发回报率日益下降是一个全球普遍存在的难题。根据美国药品研究与制造商协会（Pharmaceutical Research and Manufacturers of America，PhRMA）的数据，如今一个新药的平均研发费用已达到 12 亿美元。一边是研发成本的快速增长，另一边却是新药研发回报率的逐年下跌。2013 年，百时美施贵宝研发支出经济回报率为 15.0%，罗氏为 7.7%，强生为 8.2%，辉瑞为-3.2%，阿斯利康为 3.9%，默沙东为 3.0%。与此相比，新基医药和吉利德相对较高，分别达到 32.3%和 20.8%。

药物研发受累于不断下滑的成功率和停滞的产品线。大数据和数据分析将可能是治疗这一顽症的关键因素。在革命性地改造直面客户的环节如销售和营销之后，大数据正将其触角延伸到企业的其他部门。大数据和数据分析正在被一些制药企业用于研究和开发上。麦肯锡全球研究院（McKinsey Global Institute，MGI）估计，在美国医疗保健系统中应用大数据策略于决策制定上，将能产生每年多达 1000 亿美元的价值。通过优化创新，提高研究和临床试验的效率，给医生、患者、保险和监管者提供新的工具以实现更个性化的治疗方式。

医疗大数据具有两方面的价值。首先，大数据极为丰富，这对于药物不良反应和效果评价尤其有用。大数据可打破传统临床试验的规模限制，在药品上市之后，对实际使用药物的患者数据进行收集，其数据规模无限放大。这有助于发现很多临床试验阶段未能发现的各种问题。当然，这些信息也将对安全对策和新药研发提供重要帮助。其次，组合、分析收集来的各种类型数据，就能从不同角度对基因信息展开分析。

信息的作用是减少不确定性，消除不确定性的信息在医疗领域起着决定性作用。正如现代医学之父威廉·奥斯勒所说："医学是一门不确定性的科学和可能性的艺术"，医疗具有科学和艺术的两面性。如果医生发现患者患有冠心病，需要考虑是否手术。如果不及时做手术，有可能发展为心肌梗死。这种情况下，就应该对患者施行预防性手术。相反，另一种情况是通过食物调理，加上适当的锻炼，注意生活习惯，一般不会有症状出现，医生建议不做手术。手术做与不做，患者得到的信息，是医生在结合个人知识储备的基础上做出的判断，除此之外没有其他途径。

在现代信息化社会，通过网络世界流通的信息的爆炸式增长成为新常态。在市场经济这样复杂的商业环境中，大数据的机会非常迫切。在医疗保健和制药行业，数据的快速增长主要来源于研发过程、零售商、病患和护理提供方等几个方面。有效利用这些数据，制药公司就可以更好地识别潜力备选药物，并将其更快地开发为有效且高回报的药物。

3.1.3 未来的场景

生物过程和药物的预测模型变得更加复杂且应用广泛。通过利用分子和临床数据，预测建模能帮助识别那些具有很大可能性被成功开发为药物的安全有效的潜力备选新分子。在未来，临床试验受试者的筛选标准也会考虑遗传信息因素，并有更多渠道进入临床试验，如"医生拜访"等社交媒体。大数据在这方面能够提供很多有价值的信息，使新药临床试验效率更高。在未来，通过实时监控临床数据，及时采取行动处理可能导致成本高企的不良事件，减少医疗事故发生。

相对于僵化的数据孤岛，数据被自动抓取并在不同功能单元如发现和临床开发、医生和合同研究组织（contract research organization，CRO）之间流动顺畅对能创造商业价值的实时预测性数据分析非常关键。然而，许多制药公司对旨在提高大数据分析能力的巨额投资都非常谨慎，其中部分原因是极少有同行能成功创造商业价值，这可能与制药行业的竞争性强、药物研发风险高等因素有关。但是，我们相信投资和价值创造将持续增长。前路充满挑战，但大数据在制药研发领域中的机会是真实存在的，对成功公司的回报也非常大。

3.2 药物的个体差异

目前传统的药物是针对病人人群的平均反应，其模式是"one size fit all"。而事实上个体对药物反应存在差异。对病人要确保药物的安全性、有效性和个体化的合适剂量，需要个体化给药。药靶蛋白是药物作用的靶点，是药物产生药理学效应的分子基础。许多编码药靶蛋白的基因具有多态性，从而使药物的作用效果表现出明显的个体差异。目前，已经发现有25种以上的药靶基因变异会影响药物效应。如阿片受体基因就有118个多态性位点，突变的阿片受体蛋白对内啡肽的结合能力比天然受体的亲和力大3倍。此外，受体基因的调节元件的多态性对于应激、疼痛的耐受以及对药物的成瘾性等方面均具有重要作用。

根据酶活性强弱，细胞色素P-450（cytochrome P-450，CYP-450）酶分为超强、强、中等及弱代谢型4种表型，每种表型在不同的种族人群中分布不同。临床所用的药物中，有近80%的Ⅰ相代谢反应由CYP-450酶催化，有报道的由于基因多态性引起的不良反应中，有80%是被CYP-450酶催化的药物。目前已发现至少有53个CYP-450酶基因和24个假基因，其中有显著意义的基因多态性的酶有CYP3A4、CYP2D6、CYP2C19、CYP1A2和CYP2E。如CYP3A4的变异体近20种，能够代谢目前市场上超过一半的药物，如乙酰氨基酚、卡马西平、洛伐他汀、硝苯地平、长春碱等。CYP2D6酶有70多种变异体，参与可待因代谢。*CYP2D6*基因变异可引起人体对药物的代谢能力的强弱变化，弱代谢型病人体内的CYP2D6酶活性较低，其血液中存在较高浓度的活性药物，易导致体温过低、惊厥，严重时会导致肾脏衰竭。而CYP2C19酶可代谢奥美拉唑、安定、环己巴比妥、普萘洛尔等药物。

华法林是常用抗凝药，主要用于预防和治疗血栓性疾病。华法林的有效治疗范围比较窄，有效剂量难以把握，尤其在使用早期，使用不当容易导致严重的出血。华法林代谢的主要酶基因*CYP2C9*有较多的遗传多态性，比较常见*CYP2C9*2*和*CYP2C9*3*这两种基因型所产生的酶比野生型CYP2C9*1酶活性分别降低了30%和80%。因此，*CYP2C9*基因变异个体在接受华法林治疗时对剂量的需求低，服用华法林后达到稳态浓度的时间比较长，在治疗初期有更高的出血危险性。此外，维生素K环氧化物还原酶（vitamin K epoxide reductase，VKOR）是华法林的作用靶点，如果这个酶的基因出现变异，则使用者需要华法林的剂量会比常规剂量高。

载脂蛋白E（Apolipoprotein E，ApoE）基因的多态性会影响绝经后妇女用雌激素替代疗法（estrogen replacement therapy，ERT）时的血脂和脂蛋白浓度。人群中载脂蛋白E的等位基因有E2、E3和E4，具有E2型基因的妇女用ERT进行治疗时，血中总胆固醇含量大大高于E3、E4型。因此，绝经期妇女使用ERT进行临床治疗时，医生应先检测患者的载脂蛋白E基因，对具有E2型基因的妇女在治疗过程中要密切监测血中甘油三酯浓度变化。

他汀类药物被广泛用于治疗高胆固醇血症和预防冠状动脉粥样硬化相关疾病。一般情况下，他汀类药物很安全，偶尔有不良反应，如横纹肌溶解。在每天80mg斯伐他汀的用量下，约有0.9%的患者会产生肌病。*SLCO1B1*基因变异会导致其编码蛋白在肝内增加结合他汀类药物的能力，使药物在体内过量残留。研究显示，携带两个 *SLCO1B1* 基因风险标记的人群在使用他汀类药物时，产生不良反应的概率为 15%，而非携带者发生不良反应的概率仅为 0.3%。研究发现，携带 *CYP2D6* 缺陷型等位基因的患者，辛伐他汀降低血清胆固醇的作用是野生型纯合子的 2 倍，而携带重复等位基因的患者辛伐他汀降低血清胆固醇的作用仅为野生型纯合子的 1/10。因此，*CYP2D6* 的 SNP 可以帮助预测辛伐他汀的疗效和副作用。

硝酸甘油是抗心绞痛急性发作的首选药物，但有些患者服用后却无效，从而贻误最佳治疗时机而死亡。乙醛脱氢酶 2 基因(*ALDH2*)变异使硝酸甘油无法代谢产生有效的血管扩张活性产物(一氧化氮)。此外，*ALDH2* 还参与酒精代谢，基因变异会导致酒精代谢受阻，大量乙醛滞留体内造成肝脏损伤，引起酒精性肝硬化。我国有 *ALDH2* 基因变异的人群约占总人数的 20%。

3.3 基于大数据的药物设计

3.3.1 计算机辅助药物设计

结构生物学从研究生物大分子的结构出发，通过探讨结构与功能的关系来揭示生物学功能。生物活性分子与生物大分子的结合发挥生物学作用是以分子的三维结构为基础的。蛋白质在人体中除了构成细胞外，还通过构成各种酶蛋白、抗体蛋白、脂蛋白、离子通道等来维持细胞的活动。一些外源性病原体如细菌、病毒复制的蛋白质以及机体本身过度产生或无控制增生某些蛋白质，均可引起疾病。如果以引起疾病的蛋白作为药靶，阻断其生物合成，即能达到治疗疾病的目的。

新药研发的平均周期长达 10 年之久，将计算机应用于药物研发，可缩短周期、节约经费。肽类药物具有分子小、毒副作用小、特异性强等优点，近年来受到市场青睐。计算机辅助肽类药物设计可分两类：基于受体蛋白质结构的药物设计和基于肽配体的药物设计。基于受体蛋白质结构的药物设计，主要依据受体蛋白三维结构，通过理论计算、分子对接和模拟建立复杂结构模型，预测肽-蛋白质相互作用，从而对肽药物进行合理设计。基于肽配体的药物设计，主要依据已有肽药物的结构-活性关系分析，建立定量构效关系，通过肽分子数据库(如组合肽库)搜寻与之符合的肽分子，从而进行虚拟筛选和药物设计。

计算机辅助药物设计的方法始于 20 世纪 80 年代早期。当今，随着人类基因组计划的完成、蛋白组学的迅猛发展，以及大量与人类疾病相关基因的发现，药靶数量急剧增加；同时，计算机药物辅助设计在近几年也取得了巨大进展。

计算机辅助药物设计的一般原理是，首先通过 X 射线单晶衍射等技术获得受体大分子结合部位的结构，并且采用分子模拟软件分析结合部位的结构性质，如静电场、疏水场、氢键作用位点分布等信息。然后再运用数据库搜寻或者全新药物分子设计技术，识别得到分子形状和理化性质与受体作用位点相匹配的分子，合成并测试这些分子的生物活性，经过几轮循环，即可以发现新的先导化合物。因此，计算机辅助药物设计大致包括活性位点分析、数据库搜寻、全新药物设计。

1. 活性位点分析

由活性位点分析得到的有关受体结合的信息对于全新药物设计具有指导性。该方法可以用来探测与生物大分子的活性位点较好地相互作用的原子或者基团。用于分析的探针可以是一些简单的分子或者碎片，例如水或者苯环，通过分析探针与活性位点的相互作用情况，最终可以找到这些分子或碎片在活性部位中的可能结合位置。目前，活性位点分析软件有 GRID、GREEN、HSITE 等。另外还有一些基于蒙特卡罗、模拟退火技术的软件，如 MCSS、HINT、BUCKETS 等。其中，GRID 由 Goodford 研究小组开发，其基本原理是将受体蛋白的活性部位划分为有规则的网格点，将探针分子(水分子或甲基等)放置在这些网格点上，采用分子力场方法计算探针分子与受体活性部位各原子的相互作用，这样便获得探针分子与受体活性部位相互作用的分布情况，从中可发现最佳作用位点。GRID 最初运算的例子是用水分子作为探针分子，搜寻到了二氢叶酸还原酶(dihydrofolate reductase，DHFR)活性部位中水的结合位点以及抑制剂的氢键作用位点。由此软件成功设计的药物有抗 A 型感冒病毒药物 4-胍基-Neu5Ac2en(GG167，RelenzaTM)。

MCSS 方法是 Miranker 和 Karplus 在 CHARMM(chemistry at Harvard macromolecular mechanics)基础上发展而来，它的基本要点是在运用 CHARMM 进行分子动力学模拟时，取消溶剂分子间的非键相互作用。这样，在分子动力学模拟时，溶剂在能量合适的区域叠合在一起，从而提高了搜寻溶剂分子与受体分子结合区域的效率。2001 年，Adlington 等利用 MCSS 方法对前列腺特异性免疫抗原(prostate specific antigen，PSA)的活性位点进行了详细分析，以此对已有的 PSA 抑制剂进行结构优化，从而得到了迄今为止活性最高的 PSA 抑制剂。

2. 数据库搜寻

目前数据库搜寻方法分为两类。一类是基于配体的，即根据药效基团模型进行三维结构数据库搜寻。该类方法一般需先建立一系列活性分子的药效构象，抽提出共有的药效基团，然后在现有的数据库中寻找符合药效基团模型的化合物。该类方法中比较著名的软件有 Catalyst 和 Unity，前者应用更普遍。另一类方法是基于受体的，也称为分子对接法，即将小分子配体对接到受体的活性位点，并搜寻其合理的取向和构象，使得配体与受体的形状和相互作用的匹配最佳。

分子对接依据配体与受体作用的"锁-钥原理"(lock and key principle)，模拟小分子配体与受体生物大分子相互作用。通过计算，可以预测两者间的结合模式和亲和力，从而进行药物的虚拟筛选。小分子碎片(如水和苯分子)可当作溶剂分子，运用上述动力学方法搜寻出分子碎片与受体的结合区域，然后对每个碎片选择 100~1000 个拷贝，在低能碎片结合域进行能量优化。在最后的能量搜寻过程中，可以用随机取样或网格点的方法来实施。搜寻时每个碎片的各个拷贝可以做刚性转动，最后直接比较每个碎片各个拷贝与受体的结合能，以此选择碎片的最佳作用位点。目前具代表性的分子对接软件主要有 DOCK、AutoDock、FlexX 和 GOLD。

DOCK 是由 Kuntz 小组于 1982 年开发，是目前应用最广泛的分子对接软件之一。DOCK 的开发经历了一个由简单到复杂的过程：DOCK1.0 考虑的是配体与受体间的刚性形状对接；DOCK2.0 引入了"分而治之"算法，提高了计算速度；DOCK 3.0 采用分子力场势能函数作为评价函数；DOCK 3.5 引入了打分函数优化以及化学性质匹配等；DOCK4.0 开始考虑配体的柔性；DOCK 5.0 在前面版本基础上，采用 C++语言重新编程实现，并进一步引入 GB/SA 打分。

AutoDock 是一个应用广泛的分子对接程序，由 Olson 科研组开发。AutoDock 应用半柔性对接方法，允许小分子构象变化，以结合自由能作为评价对接结果的依据。自从 AutoDock3.0 版本以后，对能量的优化采用拉马克遗传算法(Lamarckian genetic algorithm，LGA)。

FlexX 是一种快速、精确的柔性对接程序，在对接时考虑了配体分子的许多构象，是一种很有前途的药物设计方法。FlexX 采用改进的 Böhm 结合自由能函数进行评价，通过逐步构造策略实现对接算法，分为三步：第一步，选择配体的一个连接基团，称为核心基团；第二步，将核心基团放置于活性部位，先不考虑配体其他部分；最后，通过在核心基团上逐步增加其他基团，构造出完整的配体分子。

GOLD 是一个计算大分子与小分子结合模式的分子对接程序，是英国谢菲尔德大学(University of Sheffield)、葛兰素史克(GlaxoSmithKline)公司和剑桥晶体数据中心(Cambridge Crystallographic Data Centre，CCDC)协作的产物。GOLD 因其准确性和可靠性在分子模拟圈获得很高的评价。GOLD 的遗传算法最适合虚拟筛选和并行计算。

3. 全新药物设计

数据库搜寻技术在药物设计中被广泛应用，通过该技术发现的化合物大多可以直接购买得到，即使部分化合物不能直接购买得到，其合成路线也较为成熟，可以从专利或文献中查得，这大大加快了先导化合物的发现速度。但是，数据库搜寻得到的化合物通常都是已知化合物，而非新颖结构。

近年来，全新药物设计越来越受到人们的重视，它根据受体活性部位的形状和性质要求,让计算机自动构建出形状、性质互补的新分子,该新分子能与受体活性部位很好地契合,从而有望成为新的先导化合物;它通常能提出一些新的思想和结构类型,但对所设计的化合物需要进行合成,有时甚至是全合成。

全新药物设计方法出现的时间虽然不长,但发展极为迅速,现已开发出一批实用性较强的软件,其主要软件有 LUDI、Leapfrog、GROW、SPROU 以及北京大学来鲁华等开发的 LigBuilder 等,其中 LUDI 最为常用。LUDI 是由 Bhöm 开发的进行全新药物设计的有力工具,已被制药公司和科研机构广泛使用。LUDI 以蛋白质三维结构为基础,通过化合物片段自动生长方法产生候选的药物先导化合物。它可根据用户确定好的蛋白质受体结合部位的几何形状和物理化学特征,通过对已有数据库中化合物的筛选自动生长或连接其他化合物的形式,产生大量候选先导化合物并按评估分值大小排列,供下一步筛选;可以对已知药物分子进行修改,如添加/去除基团、官能团之间的连接等。在受体蛋白质结构未知的情况下,此软件可以根据多个已知的同系化合物结构的叠合确定功能团,再根据功能团空间排列和理化性质推测可能的蛋白质受体结合部位特征,用于新型药物设计。

对 SARS 病毒蛋白质结构与功能的研究,是阐明 SARS 感染人体的机理、建立分子水平的筛选模型以及开展抗 SARS 药物筛选的必由途径。中国科学院上海药物研究所等单位的科研人员对 SARS 关键蛋白的表达成功,为这方面的研究奠定了基础。SARS 病毒中对 SARS 感染起重要作用的蛋白质有 6 种:E 蛋白、S 蛋白、M 蛋白、N 蛋白、多聚酶和 3CL 蛋白水解酶。沈旭研究组、蒋华良研究组等在上述有关工作基础上,与合作单位研究人员一起进行了 SARS 病毒重要蛋白质基因表达质粒构建和表达、分离、纯化等工作,获得了 SARS 病毒 E 蛋白、N 蛋白和 3CL 蛋白水解酶样品(德国吕贝克大学生物化学研究所 Anand 的研究小组几乎同时获得了 3CL 蛋白水解酶样品),目前已用于抗 SARS 病毒药物体外筛选,建立了 3 个分子筛选模型,并完成了 3 个重要蛋白质的虚拟筛选工作,从几十万个化合物中挑选出了几百种可能具有抗 SARS 病毒潜力的化合物,供进一步研究。SARS 病毒的基因克隆和蛋白表达标志着人类在征服 SARS 道路上迈出了重要的一步。

3.3.2 计算机辅助疫苗设计

如今,免疫学也像其他的一些研究领域,逐渐走向"硅片科学"。所谓"硅片科学",就是利用计算机对研究的问题进行模拟、分析,从而获得研究结果的科学。抗原决定簇或抗原表位分析是免疫学领域中极为重要的问题,免疫学家利用计算机就能从成千上万个候选蛋白片段中找到能刺激机体产生免疫应答的关键片段,进而用于制造疫苗。这种疫苗不同于采用整个病原或癌细胞制造的疫苗,被称为"亚疫苗",其优点在于非常安全,但制作难度更高,需要对抗原表位进行分析，前期的研究工作十分重要。

免疫系统会将外来抗原处理为大约包括10个氨基酸的多肽。像这样的肽段，或是抗原决定簇，呈现于"抗原提呈细胞"上，然后被主要组织相容性复合体(major histocompatibility complex，MHC)蛋白"抓取"。这些携带抗原片段的MHC蛋白，就像插着小红旗一样，能吸引免疫系统T细胞的注意。T细胞既能杀死携带抗原的细胞，也能将之处理后交给其他免疫细胞。

但只有极少的多肽片段与MHC蛋白的形状吻合，找到这些肽段是疫苗研究的瓶颈之一。MHC的进化赋予其高度多态性，形态上的细微差别使肽段的结合多样化。但一个人只继承父母的一种多态性，因此针对一个肽段的疫苗难以对所有人有效。借助计算机软件，免疫学家可从多肽复杂的三维结构中找出最有希望的片段。

使用计算机可以帮助免疫学家研究肽段怎样结合到MHC蛋白上，预测未知蛋白中哪一肽段具有结合能力。正如美国凯斯西储大学(Case Western Reserve University)医学院的疟疾免疫专家詹姆斯·卡祖瓦(James Kazura)所说："那种在蛋白中一个个地去检测每一个肽段的艰苦方法，很显然既不合逻辑也不经济。"现在，越来越多的疫苗研究者选择应用预测软件来研究感兴趣的疾病，也用其来鉴定能激活针对疟原虫和各种各样癌细胞的免疫应答的多肽，以及引起过敏反应的过敏原。有些多肽已经作为抗疟疾和抗癌的疫苗用于临床研究。

1. 计算机辅助疫苗设计技术诞生的时代背景

疫苗的发明极大地促进了人类健康事业的发展。开发出更多、更安全、更可靠的疫苗新产品是医疗事业长期追求的目标。当前的疫苗研发工作，一方面已经从传统减毒的或灭活的病原微生物发展到基因重组疫苗、亚单位疫苗甚至表位疫苗；从细胞、分子乃至表位水平对疫苗进行设计与优化的研究和技术，已发展成为一门称为抗原工程的新兴学科。另一方面，目前的疫苗研发已从传统的预防性疫苗发展到治疗性疫苗,适用范围从原来单纯的传染病预防发展到对过敏性疾病、自身免疫性疾病、器官移植性疾病、不孕不育症、老年痴呆、肿瘤等各种疾病的预防和治疗。随着人类基因组计划的完成与多种病原微生物基因组的阐明，人类已进入以阐明基因功能为主的后基因组学时代；而确定病原蛋白的"表位组"，绘制相应表位图谱是其中一项重要内容。2000年，迈克尔·阿格曼(Michael Hagmann)在《科学》(Science)期刊上的一篇评论中率先提出了"计算机辅助疫苗设计"(computers aid vaccine design，CAVD)的新概念，并引起了业界的广泛关注。

所谓表位(epitope)，就是抗原中能被免疫细胞特异性识别的线性片段或空间构象性结构，是引起免疫应答和免疫反应的基本单位。如果我们将抗原比作一篇文章，那么表位就好比文章的关键词；而表位簇集区域就好比是摘要。根据表位特异性免疫应答的程度，可将抗原表位分为免疫优势表位、亚优势表位和隐性表位；根据表位对机体的影响，可分为保护性表位(免疫位)、致病性表位(变应位)、耐受性表位(耐受位)；根据识别的免疫细胞，可分为 B 细胞表位、辅助性 T 细胞(T_H)表位、细胞毒性 T 细胞(T_C)表位等。

2. 计算机辅助疫苗设计技术的原理与方法

事实上，在计算机辅助疫苗设计这一名词提出前，运用计算机进行表位预测(epitope prediction)已经有 20 多年了。如何利用计算机进行表位预测，进一步寻找抗原表位，正是当前计算机辅助疫苗设计的核心研究内容。目前，计算机表位预测主要包括 B 细胞表位、T_H 表位、T_C 表位的预测与评估。

大部分 B 细胞表位预测的方法以唯象理论(phenomenological theory)为基础，利用 B 细胞表位与通过计算蛋白亚序列所得的理化性质或二级结构的相关性进行预测。对蛋白质序列局部理化性质或二级结构的理论计算大多依据相应的属性量表，这些量表可通过实验或统计分析得到。常用的量表有 Janin 可及性量表、Hopp 和 Woods 亲水性量表、Thornton 突出指数量表、Welling 抗原性量表等。20 多年来，经典量表时有优化，经典算法常综合运用，新量表与新算法不断涌现。但是，这类方法只能预测由连续的氨基酸残基构成的线性 B 细胞表位，且不够准确。

T 细胞表位预测起始于对 T_H 表位的预测。早期的 T_H 表位预测明显受 B 细胞表位预测思路的影响，不少研究试图从实验证实的 T_H 表位中找出它们在理化特性或二级结构上的共同特征并获得了一定的成功，第一个 T_H 表位预测程序 AMPHI 就是早期研究的代表作品。20 世纪 80 年代末到 90 年代初，MHC-I 类分子晶体结构的阐明和多种 T_C 表位基序的发现使 T_C 表位预测研究率先取得突破。这带动了 MHC-II 类分子晶体结构与各种 T_H 表位基序的揭示，使 T_H 表位预测摆脱了 B 细胞表位预测思路的影响。

目前，对 T_H 表位和 T_C 表位的预测大都基于 IBS(independent binding of side chain)假说，即假定肽段中每个残基都相互独立地以一定结合能影响肽段与 MHC 分子的亲和力，肽段与 MHC 分子的结合是其每个位置上残基结合能的综合，使用的方法包括矩阵、人工神经网络、隐马尔可夫模型等。近年，也有通过比较分子力场分析(comparative molecular field analysis，CoMFA)和比较分子相似性指数分析(comparative molecular similarity indices analysis，CoMSIA)等三维定量构效关系研究来进行 T_C 表位预测的尝试。对 T_C 表位预测的探索虽然起步最晚，但进展最快，研究最深入，预测最成功。

目前，T_C 表位预测已经不只限于对 MHC-I 类分子结合及其结合能力的预测，而且还拓展到对候选 T_C 表位自然产生可能性及其转运效率的预测，即对蛋白酶体酶切位点及抗原处理相关转运蛋白(transporters associated with antigen processing，TAP)的转运进行预测，范围涵盖整个抗原处理与递呈过程。同时，近些年的研究越来越重视杂合性 T 细胞表位、超型表位及表位簇集区域的预测。

3. 计算机辅助疫苗设计技术的应用与常用工具

经过 20 多年的发展，世界各地的研究小组已经开发构建了不少专业的程序、数据库、Web 服务器等计算机辅助疫苗设计工具。对于多数研究者而言，可直接利用开放的专业 Web 服务器、数据库及相应在线服务。如 BIMAS、EpiPredict、FIMM、FragPredict、HIV-MID、JenPep、MHCPEP、NetChop、PAProC、PREDEP、Predict、ProPred、ProPred1、SDAP、SYFPEITHI 等。

由于治疗性疫苗日渐成为生物技术产业的一个重要领域，出于对商业需要和信息安全的考虑，单机版的或不向公众开放的计算机辅助疫苗设计工具仍有很大的意义。专门的 B 细胞表位预测软件有 PREDITOP、ADEPT、PEOPLE 等，但更为常用的是一些综合性序列分析软件(如 OMIGA、UWGCG、ANTHEPROT 等)中所包含的 B 细胞表位预测功能模块；常用的 T 细胞表位预测软件则有 AMPHI、Tepitope、TSites、EpiMer、EpiMatrix 等。

计算机辅助疫苗设计技术已经广泛用于治疗性疫苗，尤其是表位疫苗的设计与开发。但是，对于有些疫苗的研究开发，存在相应的完整抗原不容易克隆和高效率表达以及分离纯化；或者完整病原微生物或相应抗原具有很大毒副作用；又或者传统疫苗难以奏效等问题。这时，可以考虑开发亚单位疫苗甚至表位疫苗。进行表位预测可以帮助研究者尽快找到具有相同或相似抗原特异性与免疫保护作用但却不再具有完整蛋白毒性的抗原片段。研究表明，采用计算机辅助设计方法，发现新表位的效率提高了 10 倍到 20 倍，减少了 95%实验工作量，节约了大量经费。

学者 Consogno 等在设计肿瘤多肽疫苗的研究中，首先是采用 TEPITOPE 这样一个 T_H 表位预测软件对靶抗原 MAGE-3 序列进行扫描，预测杂合性 T 细胞表位。T_H 表位预测的一项重要研究成果是泛 DR 表位(pan-DR epitope，PADRE)。它是一个含 13 个氨基酸残基的人造通用 T_H 表位，已经广泛应用于各种预防性与治疗性的细胞与体液免疫疫苗的研究。

计算机方法适合于解决抗原决定簇多态性预测这一类复杂问题。在 20 世纪 80 年代末，研究者就得到了 MHC 蛋白的三维结构，并发现携带抗原多肽的表面有隙口(或称裂缝)，从而揭开了 MHC 蛋白与多肽关系的密码。尽管在这方面的早期研究结果是有错误的，但这些研究结果的出现犹如向平静的湖面投掷了石块，激起的涟漪引起了该领域研究者广泛关注。现今，利用计算机研究抗原决定簇多态性已经非常盛行，并用于指导疫苗的设计和生产，这与研究者早期的奠基性工作分不开。

德国蒂宾根大学(Tübingen University)的哈斯-格奥尔格·拉梅斯(Hans-Georg Rammensee)教授研究团队建立了一个天然多肽序列数据库，收集了可与各种各样的 MHC-I 类蛋白作用的天然多肽，这意味着找到了激发免疫系统杀伤 T 细胞的

"药方"。此外，美国 Epimmune 公司的科学家亚历山德罗·塞特（Alessandro Sette）建立了能与 MHC-II 类蛋白作用的多肽序列数据库，弥补了德国蒂宾根大学所建立数据库的不足，扩大了研究者的选择面，对设计能激活辅助 T 细胞的疫苗十分重要。这些数据库提供的天然多肽序列可用于建立预测抗原决定簇的计算机模型。利用这些数据库，德国蒂宾根大学的拉梅斯和 Epimmune 公司的塞特，以及其他人总结出针对每个人的 MHC 分子的结合基序，并由此找到与 MHC 分子结合的大部分多肽，但与基序不能结合的少数特别多肽仍可能会被遗漏。

利用特定的计算机算法可以克服个别多肽被遗漏的缺点，发现结合基序分析方法无法找到的死角。这种神奇算法是由弗拉迪米尔·布鲁斯（Vladimir Brusic）与同事合作开发的人工中枢网络系统算法，通过模拟人类大脑神经网络，算法被赋予了人类智能的特征，能够适应复杂问题分析。利用计算机超强的数据储存能力，通过训练使计算机对与已知 MHC 蛋白结合的多肽产生记忆，并获释可能是最优结合的多肽特性。计算机在后续分析中就会从未知蛋白质序列中识别出与独特 MHC 蛋白结合的最可能肽段。

人工中枢网络系统的预测准确率可以达到 80%，但该系统的缺陷在于，对每一个 MHC 多态性，必须给予上百个结合肽段的数据进行"训练"。而让系统识别出可以结合多个 MHC 多态性的肽段更难，人工中枢网络系统还缺乏更复杂的分析能力，无法满足广谱疫苗研究的需要。

由美国新泽西州罗氏公司的于尔根·哈默（Jürgen Hammer）和同事们一起开发的 TEPITOPE 算法就有上述功能。MHC-II 类蛋白的结合隙口底部有 9 个所谓的肽段结合部位"口袋"，呈微小裂缝状。哈默在比较了不同的 MHC 多态序列后，发现这些隙口有限的结合"口袋"千变万化。经过一万次结合实验后，哈默团队发现了针对每个天然氨基酸（共 20 个）的 35 种结合"口袋"。利用 TEPITOPE 算法计算一个蛋白抗原中的所有肽段，与包含有 35 个已测"口袋"的 51 个最常见的 MHC 变体的结合能力，具有最强结合能力的肽段被假定为免疫刺激表位。这种算法也可以确定与不同的 MHC 多肽变体结合的"混合"多肽，并能找出最佳疫苗候选者。

英国的生物信息学家达伦·R. 弗劳尔（Darren R. Flower）通过计算机构建肽段-MHC 结合配对的三维模型，再采用 4 种方法寻找表位。他的团队尝试着模拟非特异的 MHC 结构以及适合结合隙口的肽段，希望能通过 MHC 分子的结构模拟发现大量新的信息，特别是通过结合实验无法寻找到的 MHC 等位基因。意大利的科学家玛丽亚·皮娅·普罗蒂（Maria Pia Protti）利用哈默的 TEPITOPE 算法对 MAGE-3 蛋白进行分析，找出了能与主要 MHC 等位基因结合的 11 条肽段，其中有 9 条肽段在实验中能激起强大的 T 细胞应答，这对攻克黑色素瘤、肺癌和膀胱癌具有重要价值。

一些计算免疫学家对疟疾的研究却不顺利，虽然研究多年，还是很难找到合适的疫苗。亚历山德罗·塞特与马里兰银湖海军医疗研究中心的斯蒂芬·霍夫曼（Stephen Hoffman）合作，提出了一种与哈默相似的矩阵算法，称为 Epimmune 专利表位肽鉴定系统，并在疟原虫（*Plasmodium falciparum*）的 5 个蛋白中找到了 11 个抗原表位。在对来自印度、肯尼亚和美国这三个 MHC 蛋白差异很大的地区的受试者测试中，发现这些抗原表位都能在疟疾暴露个体身上激活 T 细胞应答。美国凯斯西储大学的詹姆斯·卡祖瓦利用计算机中枢网络系统收集了一系列相似的疟原虫抗原表位数据，为制造抗新几内亚巴布岛疟原虫的疫苗提供科学依据。他在 200~300 个疟原虫感染者实验中，分析 T 细胞能识别哪些表位，并计算到下一次感染之间的时间长短。其理论依据是，如果对某多肽 X 有较强的 T 细胞应答，而且到下次感染有较长时间，那么肽段 X 就是保护免疫系统的很好候选者。

在某些机体中免疫系统对一些抗原刺激发生异常激烈的反应，从而导致组织、细胞的损伤和生理功能障碍，这些异常的免疫反应称为超敏反应。超敏反应和自身免疫反应也开始得到重视，免疫学家已经在实验动物身上通过减弱免疫应答来治疗自身免疫疾病。计算机模型帮助免疫学家们找到了刺激花粉超敏反应、糖尿病和莱姆关节炎的免疫原性表位。罗氏制药集团的免疫学家葆拉·帕尼纳-博尔迪尼翁（Paola Panina-Bordignon）也使用了哈默系统找到了黑麦草过敏原，这对于花粉过敏疾病治疗很有帮助。

4. 计算机辅助疫苗设计的产业前景

随着人类基因组计划的完成与多种病原微生物基因组的阐明，众多跨国企业集团和数万家生物制药企业或生物技术公司，都希望利用基因组学的大量信息来开发包括疫苗在内的新产品。因为发现一个新的免疫优势表位和发现一个新的基因一样，都蕴藏着巨大的财富，因此疫苗设计也成为制药企业竞相追逐的重点，也受到许多风险投资基金追捧。在新兴流行病不断涌现的 21 世纪，人们对 HIV、SARS、埃博拉出血热、尼帕病毒、马尔堡病毒畏惧有加，每次疾病暴发都会引起世人恐慌。在对这类疾病缺乏有效的治疗手段之前，人们对免疫治疗的希望和渴求更加强烈，在大众眼中疫苗就是普世良药。这也促使许多国家在免疫领域科学研究的资金投入大幅增加，从而催生了许多抗体药物和疫苗问世。据统计，近年美国 FDA 批准上市的生物技术药物中抗体药物位居第一，而在 FDA 批准进入临床试验的生物技术药物中则是治疗性疫苗位居首位。近两年，全世界有 15 个新疫苗上市，25 个产品处于临床试验最后阶段，400 多种疫苗处于研发早期的不同阶段，其中大部分是治疗性疫苗。值得一提的是，这些上市或正在临床试验的免疫药物大多数都采用了计算机辅助疫苗设计技术。美国微软公司联合创始人比尔·盖茨十分看好生物技术产业，比尔·盖茨基金会也将主要资金投向了生物技术产业，尤其是疫苗领域。而比尔·盖茨直接对计算机辅助疫苗设计技术的赞助也在百万美元以上。

计算机辅助疫苗设计技术正带动着生物技术产业的一个新兴领域飞速发展。罗氏制药集团等国际制药巨头的涉足，Epivax、Biomira、Epimmune、Medimmune、Pharmexa 等一批本领域高科技公司的兴起，使该领域的商业活动与相关交易异常活跃。其中不少公司已在美国纳斯达克股票市场上市，如 Epimmune(股票代码：EPMN)、Medimmune(股票代码：MEDI)。其中，Epimmune 公司发现并鉴定的一个可能用于乳癌、肺癌、结肠癌治疗的候选"先导表位"，在 1999 年以 200 万美元卖给了美国 Searle 公司(Monsato 公司制药部)。Epimmune 公司的另一项专利成果 PANDRE 也从 Elan 公司、Pharmexa 公司和 Genencor 公司获得了不菲的授权费和相关产品的销售提成。

总之，虽然计算机辅助疫苗设计的技术仍有待完善，相关产业刚刚兴起，但是，应用计算机辅助疫苗设计技术进行疫苗研究与开发，正在成为疫苗研发的一个必经环节。计算机辅助疫苗设计技术不仅可能发展成为未来新型疫苗工业的一种标准，而且相关技术的应用空间将得到进一步的拓展。除了用于新型疫苗的设计研发外，也将大大有助于新基因的发现、新药和新诊断试剂的开发及新老基因工程药物的免疫优化。

3.3.3 药物研发的大数据处方

如何借助高效的新一代信息化技术来保障医药制造企业管理的先进性，不断推进提高医药制造企业的管理水平，是当前医药制造业面临的重要问题。通过大数据分析向制药厂提供药品效果的反馈信息，包括临床用药数据的反馈，个人药效的量化追踪。针对周围的人群进行有效分类，增强研发的针对性，减少研发的开支。同时，通过监测副反应，更大范围、更大程度地分析药物副作用，比传统的临床试验更有说服力。

应用以下 8 个技术性方法，制药公司能够扩展他们采集到的数据，并改进管理和分析这些数据的方法。

1. 数据整合

将大数据应用于药物研发，其前提是必须拥有一致、可靠、关联完好的数据，这是当前医药研发面临的最大挑战之一。数据整合有利于进行基于关联的子集数据的综合搜索。通过智能算法将实验数据和临床数据关联起来，可以自动识别化合物的相关应用，也能提供药物安全性和有效性的诸多信息，为药物研发导航。

实施端到端数据整合需要一系列能力，包括数据和文档的可信来源；在不同要素间建立交叉关联的能力；强大的质量保证；工作流管理；基于身份的权限管理，以使得特定的数据只对那些获得授权的人开放。制药公司一般会尽力避免对整个数据整合系统进行大修，以减少数据逻辑再梳理的困难和工作成本。公司通常会采用两个步骤：第一步，公司会优先发展特定数据类型，并建设足够的数据仓库。对最重要的数据优先处理可以尽快见到效益。购药数据和处方数据可让企业看清楚医疗市场。如果将临床数据和医保数据结合起来，企业就可以更清晰地把市场描绘出来。第二步，公司发展次级优先性数据，包括情景分析、所有权、预期成本和时间表等要素。

大数据的整合还会遇到信息标准化的障碍。信息标准化是数据整合的关键，针对目前数据标准和数据质量较低的现状，如果数据不标准化，泛滥的垃圾数据会导致计算机识别和分析困难，数据价值得不到发挥。如医院的医疗数据和社区的医疗数据，如果没有统一的编码来实现有机衔接，很难将两者融合起来。

2. 内外部协作

过去医药研发是一项局限于内部研发部门的保密活动，缺少内部和外部之间的协作。通过打破内部各功能部门之间的信息壁垒，并跟外部合作伙伴协作，制药公司才能扩展其知识和数据网络。这种内部和外部协作并举的模式，是制药公司适应大数据转变的重要举措。只有通过信息共享，才能收获大数据带来的红利，才能摆脱当前新药研发投入大、周期长、回报低、风险大的困境。

如果说数据整合是为了提升数据间的关联，那么内外部协作就是要增强所有利益相关者(stakeholders)之间的联系，主要集中在药物研究、开发、商业化和配送等环节上。加强公司不同功能部门之间的业务关联，才可能在业务组合中激发洞察力，对转化医学中可能存在的机会进行临床识别和研究跟踪，或结合生物标记研究和临床结果，识别个性化医学中的机会。外部合作，如与学术研究者、合同研究组织、供应商和医疗保险机构的沟通协作，可以拓宽公司能力，提升公司洞察力。

外部伙伴，如 CRO，能快速放大内部能力，并提供最好的临床研究管理方面的专业技能。由于制药企业很难成为新药临床研发的强者，CRO 才应运而生。CRO 通过合同形式为制药企业提供专业化服务，增强制药企业的新药临床研究能力。

与学术研究者的合作能获得来自最新科研进展的洞察力，并使得一连串的外部创新成为可能。比如礼来公司的"Phenotypic Drug Discovery Initiative"项目（简称 PD2 计划），这一计划使得外部研究者能够利用礼来公司自有的工具和数据，提交他们的化合物供筛选，以识别出何种化合物能成为潜力备选药物。参与筛选并不要求研究者放弃知识产权，但这却让礼来公司得以抢先看到新的化合物，并可借此机会接触到那些较另类的药物研发科学家。

消费者洞察可以用来形成产品线战略。尽管一些制药公司已经成功地在内外部协作上取得进展，但需要指出的是，这当中涉及一系列挑战，包括为使信息交换恰当且有效，设置信息系统和监控措施；转换思维模式，不再完全封闭所有数据，确定哪些数据可以共享，以及跟谁共享。另外，制药企业必须理解并设法降低与合作相关的法律、监管和知识产权风险。

3. 基于IT的组合决策支持

为确保研发资金的合理分配，项目组合与产品线相关的快速决策制定至关重要。但制药企业很难做出适当的决策，比如哪个项目该继续，或者哪个项目该砍掉。已经投入的大量人力和财力可能影响管理层的决策，使制药企业处于进退维谷的境地。在缺乏合适的决策支持工具时，他们在做抉择时十分艰难。

基于IT的项目组合管理能快速地实现数据驱动的决策。任何时候都可以使用可视化的图板来做出快速有效的决策，包括当前项目的分析、商业开发机会、预测和竞争性信息。这些视觉系统能让用户深入考察数据，包括那些阻碍决策的信息和具体的战术性信息，以及使得项目表现和机会更透明的信息。

除了技术上的需要以外，研发项目组合的管理应遵循一个确定的流程，包括已知的时间表、待交付产品、服务水平和利益相关者。过程中涉及的相关人员应有明确的角色和清晰界定的权责。资源分配应基于一个系统方法，以适应自上而下的预算限制和自下而上的研发需要。公司层面、业务部门层面和治疗领域层面的创新委员会应定期评估研发项目组合。

4. 利用新的药物发现技术

制药企业的研发部门应使用最前沿的研发工具，包括复杂的建模技术，如系统生物学和高通量数据生产技术，以及最新出现的蛋白动态、蛋白降解靶向联合体（proteolysis targeting chimera，PROTAC）、小分子辅助受体靶向（small molecule-assisted receptor targeting，SMART）技术、基因转录模拟等。新数据的积累和改进的分析技术是驱动创新的动力，对于提升科研单位和企业的药物研发能力是不可缺少的。

整合大量的新数据将考验一个制药公司的分析能力。例如，公司可能需要将被试患者的基因型与临床试验的结果联系起来，以期找到方法辨认那些应答良好的被试患者。这些进展将使个性化医学和诊断学成为药物研发过程的一个内在组成部分，获得一些新的药物发现技术和分析技巧。

5. 应用传感器和设备

医疗设备学上的进展，如小型化的生物传感器、智能手机及APP的进化，产生了越来越复杂的健康测量设备。制药企业可以利用传感器和智能设备来收集大量真实世界的数据，实现对病人的远程监控。这些数据能够用来辅助研发、分析药效、提升药物销量等，对于制药企业来说是一个巨大的机会。

远程监控设备也能通过增加病人对处方的黏性来创造附加值。正在研发的设备有能释放药物并传递病人数据的智能药片、帮助跟踪药物使用情况的智能药瓶等。科技和移动服务供应商提供的数据接入、跟踪和分析服务，可以有效辅助医疗设备。这些设备和服务，再加上及时的上门拜访，能够提早诊断患者疾病，并缩短患者在医院停留的时间，从而有效降低患者医疗保健成本。

6. 提升临床试验效率

智能设备与流畅的数据交换的结合，将改进临床试验设计和结构，并带来高效率。临床试验将变得越来越适应那些仅在规模较小的子集患者群中才发生的药物安全信号。潜在提升临床试验效率的案例包括：①动态的样本量估计（或再估计）和其他方案的改变能快速响应临床数据中出现的新见解，而效率的提升可通过相同效力的更小临床试验，或者缩短试验时间来实现；②为适应各地医院被试患者招募比率的不同，大数据技术可以让制药公司能及时处理招募比率较低的医院，在有必要的情况下引入新的医院参与临床试验，并在临床试验成功的医院招募更多的被试患者；③电子数据的采集可以将患者信息记录和保存于电子病历中。将电子病历作为临床试验数据的主要来源，将减少人为操作或重复录入导致的数据错误，加快临床试验；④对参与临床试验医院的远程监控，以及实时的数据接入，将提升管理水平和加快问题响应时间。

7. 提升安全和风险管理

在向监管部门递交文档获得审批以及药品上市之后，制药公司都可以将安全作为自己的竞争优势。药品安全性的监控已经从传统方法转向了更复杂的方法，如从罕见的不良反应事件或者其他信息源（如网站和搜索引擎上的患者咨询）中识别可能的药品安全性信号。此外，在线医生社区、电子病历和消费者媒体也是药品安全问题的可能信息源。

目前，美国、日本和欧洲在药物不良信号提取方法上较为成熟。用于数据挖掘的方法主要有壶模型、报告比数比法、比例报告比值法、综合标准法、伽马-泊松分布缩减法、多项伽马-泊松缩量估计法和贝叶斯可信传播神经网络法、最终实验室检查结果比较法等。通过从数据中识别不良事件，能更快、更准确地标记罕见或不明确的药品安全性信号。

对医生和患者的情绪做出及早反应，可以防止监管机构和媒体大众的激烈反应。FDA 正在通过"Sentinel Initiative"计划，为电子健康档案评估系统进行投资。这是一套法律授权的电子监管系统，该系统将连接并分析来自多个渠道的医疗保健数据。FDA 现在有权访问和使用全国范围内的 1.2 亿病人数据。

8. 聚焦于真实世界的证据

现在，制药公司越来越看重真实世界的结果，以便应对医保支付方基于价值的定价诉求。制药公司应该通过提供真实世界已经证明的、真正差异化的药品来应对这种"成本-效益"的压力，例如提供针对特定患者群的疗法。另外，针对健康经济学的研究开始受到 FDA 和其他监管机构重视。

为在临床试验以外扩展数据，一些顶级制药公司正着手建立专有的数据网络来收集、分析、共享数据，并响应外部事件。而制药公司在与医保支付方、供应商和其他机构的合作过程中建立的伙伴关系显得尤为重要。

3.3.4 大数据转变面临的挑战

在大数据时代，制药公司在新药研发过程中会越来越多地依赖大数据提供的信息。为了应对这种转变，需要充分利用大数据的优势，因此公司管理层将面临巨大的挑战。

1. 组织

数据孤岛源自组织孤岛。各部门通常有责任维护其系统中的数据，为提升数据使用和共享能力，需要以数据为中心，在不同的职能部门和整个数据生命周期中，清晰地界定每一数据类型的所有者。而数据所有者的专业技能也会在开发现有数据的使用方法或整合内外部数据时发挥重要作用。单一数据所有者也会增强对数据质量的责任感。当公司管理层认识到合理使用内外部数据将获得潜在长期价值之后，这些组织变革自然就会发生。

2. 技术和分析技能

制药公司现在正在处理原有系统中多种多样且完全不同的数据。为了提高共享数据的能力，必须梳理并连接这些分离的系统。可能会缺乏足够的人员来发展能实现现有数据价值最大化的技术和分析技能。

3. 思维模式

很多制药公司对待大数据的态度十分谨慎，在没有确定未来大数据应用的理想状态时，对大数据分析能力的投资缺乏兴趣。事实上，他们害怕成为"第一个吃螃蟹的人"，因为极少有制药公司从加大大数据投资中创造了更多的价值。他们也担心转向大数据可能会增多与监管者的沟通，增加企业的事务。制药企业应该向更具创业精神的小企业学习，而不是让大数据应用停止不前。在小规模应用大数据上取得成功的经验将给制药企业带来长期价值，通过持续地研发创新和提高效率，制药企业将逐渐改变研发成功率下滑和产品线停滞的不利形势。

4. 正确应用大数据将成为今后药物研发竞争的重点所在

随着制药行业数据的不断积累，以及生命科学和健康领域数据的迅速增长，大数据在药物研发中起到越来越重要的作用。大数据已成为药物研发领域的关键因素，拥有及正确应用大数据将成为今后药物研发竞争的重点所在。

1）药物研发的迫切需求

药物研发的特点是成本高、风险高、周期长，在药物研发早期缺乏足够的数据，在未建立有效的开发流程时，就不能有针对性地优先分配资源和提高研发效率，面临失败的风险很大。

新药研发离不开大数据。药物筛选、立项、临床、上市等所有环节都需要大数据的支撑。通过大数据分析，可以提高效率，缩短周期，降低风险，节约成本；利用化学结构数据，研发者可以快速确立化学结构或进行针对性的结构改造；利用深度学习、虚拟筛选数据，能快速分析药物临床前试验，找出有效的目标药物；利用临床试验数据，可以快速建立药代动力学模型，评估疗效，预判不良反应，缩短临床试验时间。

在众多涉及大数据的行业中，制药行业是真正的数据密集型产业，尤其是未来创新药物的探索与开发都离不开大数据的支持。新药研发的相关数据量巨大，每一个成功上市的药物背后都有上百万页的文献资料，同时药物研发数据涵盖药学、药理学、毒理学、药代动力学、药学专利、药物化学（合成）、临床药理学、药剂学、药物分析学等十几个学科领域。药物研发就是"站在巨人肩上"的创新，这就要求研究人员对已上市药物的各项学科数据了如指掌，在此基础上开展创新研究。然而，在信息大爆炸的今天，每天公开发表的药物相关数据文献都很多，药物的文献调研和阅读难度剧增。如何让药物研发人员能够迅速了解所关注药物的历史数据，打通药物研发创新道路上的数据障碍，是全球面临的难题。解决这一难题将显著提高药物研发创新的成功机会。

2）从整合、分析到解读

大数据最重要的不是数量，而是它所潜藏的价值。无论是大数据的整合，或者分析、解读，都是需要专业的技术和知识背景，是一种难度很大的工作。从浩瀚的数据海洋中快速地发现价值，或总结出规律，才是大数据分析的目的。

从数据整合的角度来看，药物研发领域的大数据在具备准确性、时效性、全面性的基础上，还需理清不同种类、不同层次、不同维度的相关性，即将看似零乱的"知识孤岛"连接起来，形成组织有序的立体结构。这种关联性将有助于从大数据中发现知识，并进一步提出新假设或新构想，推动药物研发的进程。

其次，数据的呈现及分析方式也会影响到数据潜在价值的发现。面对制药行业繁多的数据，可借助可视化分析手段来寻找线索，发现问题的核心和解决办法。要在新药立项之前对靶点作用机制进行深入调研，从临床前、市场潜力、临床、专利等方面确定新药分子在未来市场中的前景及可能遇到的各种风险。数据分析及呈现方式的选择直接影响到受众对于数据的理解，从而影响到最终的决策。

而最重要的一点则是大数据的"解读"。这也是任何规模的数据信息最后产生价值的关键所在，更是大数据的整个生命周期的关键所在。对数据解读的失误是走向错误陷阱的诱因，得出的结论不可靠，将增加新药项目的决策风险。由于制药相关的数据解读专业性很强，通常需要相关领域专家来做。而专家的知识层次和领域不同，得出的结果也可能"谬以千里"。所以，各方专家的观点都需要验证。

大数据要求有大量的原始数据积累，不但要有完整准确的数据，还要有持续生产数据的能力，以及科学的数据运算、分析能力。生物技术领域处于领先水平的欧美国家，在药物研发大数据的建立上也只是处于起步阶段，还有待成熟和完善。目前，国内在这些方面资源很少，人才和技术都严重匮乏。近年来，国外制药行业在新药研发过程中对研发信息平台的依赖性非常高，比如汤森路透的 Integrity 是国际制药企业较为广泛使用的数据库。

但在国内，此类专业药物研发数据信息平台较少。药渡公司开发的药物大数据综合信息服务平台，正在助力于为国内制药企业提供药物研发信息，为医药研发项目提供全面的"一站式药物研发大数据信息服务"。国内另外一个药物大数据平台——咸达数据，现已整合国内基础的数据信息，如专利、药物批文、注册、市场销售等，专注国内外药品注册审评信息，是国内医药企业的管理利器。

此外，药智数据、医药地理、丁香园 Insight、米内数据库、CHIS 中国健康产业智能情报系统和医药魔方等医药数据库，都可以查询医药领域的相关信息。大数据的建立需要综合多方力量才能实现，必须以开放合作的方式，共同打造服务于新药开发的数据平台。

汤森路透曾邀国际制药巨擘（TOP50）进行了以"大数据在行业中的现状及未来的挑战"及"大数据在制药领域中的应用"为主题的深入调研。从调研结果看出，大数据的机遇与挑战并存。从机遇角度分析，大数据将对传统药物研发起到至关重要的作用。当前的一些热点话题，如精准医疗、合作创新、药物警戒等都将是大数据的重要舞台。而如何整合结构化数据库，充分利用内外部的实验数据，兼顾社交媒体的数据等，是大数据面临的挑战。在未来的药物研发中，谁能有效解决这些问题，谁就可以最大效率地利用数据，在研发、生产等竞争中抢得先机。

第4章 大数据引发农业的变革

大数据正在为传统农业带来一场颠覆性的革命。对于目前的农业来讲,大数据的渗透就如给秧苗施肥一样,对农业带来的好处将随着时间的推移逐步显现出来,农业大数据正在构筑新农村的梦想,助力美丽乡村建设,增加农民收入,提升农民生活质量。这种创新和颠覆正在我们周围的乡村发生。

大数据提供了更多的信息,涉及作物基因组数据信息、供水管理、肥料、气候、土壤、机械和作物保护系统等方面。在生产侧,大数据正在改变大型农业公司的价值链,通过兼并整合、努力创新,使农民和小公司成为大数据的终端用户。颠覆将在好的想法、新的商业模式和创新精神中悄然发生,传统农业公司和供应链必须适应新形势。

4.1 何为农业大数据

在实际生产过程中,农民每天都要面临艰难的选择:播什么作物种子、施什么肥料、如何进行田间管理、如何防治病虫害等等。实际上,一套农事任务,从生产规划、种植前准备、种植期管理,到采收、销售等每一步都会极大影响农民的生产和收益,而且环环相扣,选错一步就可能导致减产,影响农民收成。如果根据农业生产经验,结合气象数据、土壤数据,对农业生产进行智能化管理,将大大减少农业生产环节上的失误,帮助农民走出困境。所谓农业大数据就是与农民实际生产操作相对应的所有数据,从"天时、地利、人和"三方面理解:"天时"指实时的气象数据,如降水、温度、风力、湿度等;"地利"指动静态的土壤数据,如土壤水分、土壤温度、作物品种信息、作物病虫害信息等;"人和"则是从人力资源给出信息,如农资产品使用、农产品加工和流通渠道、农产品市场价格等等。

4.2 大数据对农业的影响

大数据对农业的影响主要体现在以下四个方面:种质创新、精准农业、食物追踪和对供应链的影响。

4.2.1　种质创新

传统育种成本往往较高，工作量大，需要花费十年甚至更长时间。而大数据加快了此进程。采用新的基因组测序技术，可以获得作物基因组信息，结合分子标记技术，可培养出具有价值的新性状、新品质作物，为消费者服务。现代生物工程技术已经研究出具有抗旱、抗药、抗除草剂的作物，这些作物会让农民受益；同时还有增加营养附加值和品质改良的作物问世，如高钙胡萝卜、抗氧化剂番茄、抗褐变土豆、抗敏坚果、抗菌橙子、高营养价值的木薯等。持续稳定的农业生产是应对全球气候变化和人口增长的迫切需要。最近不断增加的对生物质燃料作物的需求为农产品开辟了一个新的市场。在了解基因功能、抗逆性、发育和生长调节网络基础上，培育高产量的农作物是一个很有潜力的解决方法。

基于基因组的育种技术可以将研究成果更快地运用到实际生产中，降低了育种成本。一些新型初创公司正致力于作物基因改良和云生物学研究。农作物的基因组适应性特征有助于预测农作物品种如何适应恶劣环境，如干旱或有毒土壤。美国堪萨斯州立大学的遗传学家曾对高粱进行了研究，发现这种作物对恶劣环境的适应性很强，因此可以在世界上某些条件最恶劣的地区广泛种植，亚洲和非洲是其主要种植区。农作物基因库已收集和储存的高粱品种有 43000 多个。

全面地收集序列资源为在分子水平上了解生物功能奠定了基础，并促进了序列资源的应用。最近，模式植物和农作物及家畜基因组学信息的积累，催生了功能基因组学方面的研究应用。基于全基因组的比较分析和模式植物的信息资源，物种特异性的核苷酸序列收集也为建立基因型与表型的关联提供了机遇。

拟南芥完整基因组序列于 2000 年公布，拟南芥成为第一个完成基因组测序的模式植物。拟南芥因体积小、繁殖时间短和转化效率高而被日本、欧洲和美国科学家共同列入基因组测序计划。为利用模式物种信息进行栽培作物改良，白菜全基因组测序受到中国农业科学院、深圳华大基因研究院的重视，由中国主导发起的"白菜基因组测序国际协作组"引来了英国、韩国、加拿大、美国、法国、澳大利亚等国家的加盟，并于 2011 年 8 月 29 日完成了测序，国际权威学术期刊《自然遗传学》(Nature Genetics)发表了该组织的成果。迄今为止完成序列测定的作物中，白菜与模式物种拟南芥亲缘关系最近，白菜基因组计划的完成标志着我国芸苔属作物基因组学研究取得了国际领先地位，将极大地促进白菜类作物和其他芸苔属作物的改良。这是继黄瓜基因组测序和马铃薯基因组测序项目后，由中国主导、国际合作完成的又一重大成果。

作为单子叶植物的模式植物，水稻的基因组序列草图已于 2002 年公布。随后，国际水稻基因组测序计划(International Rice Genome Sequencing Project，IRGSP)在 2005 年公布了粳稻(japonica rice)基因组测序成果。水稻基因组注解计划则是为水稻基因组提供准确注解。与水稻基因组计划及相关基因组资源结合,作图群体和分子标记的研究进展加快了农艺重要数量性状位点的分离。近 20 年来,对谷类基因组的结构和功能基因组学方面的基础和应用研究,如分子图谱、基因组序列、EST、基因产物的相互作用、数量性状位点或者是与表型性状持续变异有关的基因组区域信息,为研究其他谷类作物提供了帮助。分子标记辅助选择(marker-assisted selection,MAS)和定向诱变等方法使改良农学性状的育种方法发生了改变。

分子标记技术和第二代测序技术的快速发展使基因组学理论和方法在种质资源研究的多个层面发挥了潜移默化的作用。在研究思路和方法上,基因组学研究成果使种质资源的有效收集、保护和创新利用发生了变革,也为阐明作物起源和演化、全面评估种质资源结构多样性提供了核心理论和技术,基因发掘和种质创新效率大幅度提高。特别是全基因组测序、重测序和简化基因组测序技术不断成熟,通过基因组比较可以发现不同种质资源的基因组变异;在此基础上,可阐明农作物起源以及驯化、改良和传播对种质资源形成的影响,明确现有种质资源和野外种质资源群体结构和遗传多样性,提出种质资源异地保存和原生境保护的最佳策略;结合表型鉴定数据,利用连锁分析和关联分析等基因组学方法,可高效发掘种质资源中蕴含的新基因和有利等位基因,提出其利用途径和具体方案,并在种质创新过程中充分利用基因组学研究成果提高创新效率。

人类在早期选用野生的始祖植物进行作物育种时,一种称为 teosinte(又名大刍草)的植物成了现代玉米的祖先,但外表上的差别很难将两者联系起来(图 4-1)。teosinte 的籽粒是青色的,而现代玉米籽粒有各种色彩,这也反映了人类育种的伟大成就。

图 4-1　野生玉米 teosinte 和现代玉米

对于重要作物的起源问题，各国学者都在据理力争，其目的就是为自己的国家贴上文明标签。有了基因组序列数据支持，许多作物起源问题的争论都可以盖棺定论了。小麦的原产地被认为是西亚，也有人认为可能是北非。这些不同观点都是因为一些文献记载而发生的分歧。在大约1万年前，人类在农业文明早期就开始以野生小麦为食，后来驯化栽培后在许多地方将其作为主粮种植。公元前7000～前6000年，西亚地区已广泛栽培小麦。公元前2500～前2000年，小麦传入中原地区。早期人们将小麦直接蒸煮后食用，口感比较差。石器时代发明石磨之后，小麦被研磨成粉，做成面条、面饼、面包等，品种和品质有了很大变化。小麦弥补了大麦口感差的缺陷，成为欧洲人的主粮，因此小麦种植逐渐兴旺起来。小麦和大麦发芽后可用于啤酒发酵，适应了高海拔地区气候的大麦，在我国青藏高原能旺盛生长，耐寒耐旱的裸粒大麦成了藏人酿造美味青稞酒的原料。最早的啤酒是美剧《权力的游戏》中提及的艾尔啤酒，于公元前6000年出现。英国贵族十分喜欢艾尔啤酒，1840年后被拉格啤酒取代，近年来艾尔啤酒又重出江湖，并派生出印度淡色艾尔啤酒、英式淡色艾尔啤酒、美式淡色艾尔啤酒、波特啤酒、德国小麦啤酒、比利时小麦啤酒、俄罗斯帝国世涛啤酒、酸啤酒等，这些啤酒反映出人类在利用麦类作物上发挥到了极致。

茄科植物番茄基因组常染色质区域和马铃薯全基因组DNA序列图的绘制，在基础科学和农业应用上都将产生巨大的影响。茄科植物分布广泛，其形态及生态环境有着极大的多样性，使其成为满足人类多种营养需求的最佳候选者之一。茄科还盛产各种观赏植物，如矮牵牛、珊瑚豆、鸳鸯茉莉、夜香树、舞春花、蛾蝶花等。茄科还有黑暗的一面：烟草是全球产量最大的有害嗜好品，洋金花、茄参、天仙子(莨菪)、颠茄更是著名的有毒植物。

起源于南美洲的茄科植物在历史上不断向周边扩散，并分出至少19个"宗支"，其中16支在南美洲仍有分布，在多次从南美洲向北传播的过程中，这16支中又有13支在中北美洲落地生根，有学者通过分子研究对茄科的扩散传播进行了证实。在哥伦布到达美洲之前，茄科植物还至少向外扩散了十几次，光是茄属(*Solanum*)这个包含1500种左右的超级大属就至少扩散了4次。茄科植物从美洲的东西方向向外扩散，向东到达了非洲和亚欧大陆，向西到达了夏威夷和澳洲。但茄科植物适应环境的能力却不如菊科植物强，来到异国他乡之后，喜旱、喜热的习性仍然没变。这就造成了茄科在过去分布广泛但种类相对不多的结局。

推动番茄和马铃薯遗传改良，在作物育种者看来具有重要的现实意义。番茄和马铃薯基因组序列图可以为其他茄科作物的遗传育种提供参考。中国参与番茄和马铃薯基因组计划，将推动我国重要农作物基因组计划的研究，加快新型抗病基因的发现并应用于作物抗病育种，促进中国园艺科学的发展。由美国、英国、中国等14个国家组成的"番茄基因组研究国际协作组"，经过8年多艰辛工作后完成了番茄全基因组的精细序列分析。在外表上，番茄与马铃薯、茄子、辣椒等差别很大,但茄科作物基因组差异很小,如番茄和马铃薯的基因组差别只有约 8%。

遗传改良使栽培番茄与野生番茄在形态或味道上产生了巨大差异。秘鲁人对番茄进行驯化栽培,经过一系列性状筛选,使其与野生番茄有了很大差异。野生番茄并不都是红色的,栽培番茄呈红色是因为红色番茄含有丰富的类胡萝卜素,在育种过程中其他颜色的番茄逐渐被淘汰(图 4-2、图 4-3)。现在市售的番茄口感较差,如何重新恢复番茄原有的酸甜味和果汁味,是育种工作者面临的一个挑战。中国和美国科学家通过合作研究发现了几个与番茄甜味相关的基因,正是这些甜味、酸味化合物以及 400 多种挥发类物质决定了番茄的风味。基因组学方法将帮助科学家找回现代品种中丢失的"番茄味"。

图 4-2　野生番茄

图 4-3　不同颜色的野生番茄

番茄基因组计划产生的部分数据也被用在某些基因表达分析的研究中,用来观察组蛋白的修饰表达,并且通过参考潘那利番茄(*S. pennellii*)基因渗入系将基因进行了精确定位。番茄基因组的 RNA-seq 数据可用于研究在番茄果实成熟的不同阶段相关基因的表达和作用,从分子水平揭示番茄果实成熟机理,为番茄的采后储运及加工寻找合适的方法。印度全年蔬果产量位居全球第二,但由于缺乏冷链物流条件,每年蔬果在运输环节的损失达到 40%左右,延长果蔬保存时间是印度解决这一难题的关键。研究人员通过课题攻关发现了影响番茄成熟的两个关键基因,α-甘露糖苷酶(*α-Man*)基因和 β-氨基己糖苷酶(*β-Hex*)基因。通过 DNA 甲基化抑制这两个基因的表达,可使番茄成熟时间延长 1 个月。新品种番茄最长保鲜达 45 天,减少了销售环节的损失,很受"番茄酱"制作企业欢迎。

韩国和美国科学家通过测序发现另一种茄科作物辣椒的基因组比番茄基因组大 3.5 倍,其测序片段的装配难度很大;同时发现番茄也有 4 个无功能的辣椒素基因,可以激活无功能基因来培育辣味番茄,也可以使休眠的基因激活来提高辣椒辣度。目前,已经分离出 22 种辣椒素,其中有些可以用于抑制肿瘤,缓解关节疼痛。

4.2.2 精准农业

农业生产受到很多复杂因素干扰，作物产量是由作物品种、土壤、气候以及人类活动等各种要素相互影响决定。通过选取不同作物品种、生产投入量和环境，对不同土壤和气候条件下的上百个农田进行田间小区试验，将作物品种与地块进行精准匹配，解决了种植者"在什么地方种什么粮食"这一关键问题，以增加他们的收益。大数据通过汇集农业信息和数据分析应用于精准农业，提高农业生产效率。

信息技术和人工智能技术的高速发展催生了新颖的农业生产管理思想，对农作物实施定位管理、根据实际需要进行变量投入等农业生产的精准管理思想形成了精准农业的轮廓。精准农业是一种基于空间信息管理和变异分析的现代农业管理策略和农业操作技术体系。它根据土壤肥力和作物生长状况的空间差异，调节对作物的投入，在对耕地和作物长势进行定量的实时判断，充分了解大田生产力的空间变异基础上，以平衡地力、提高产量为目标，实施定位、定量的精准田间管理，实现高效利用各类农业资源和改善环境这一可持续发展目标。显然，实施精准农业不但可以最大限度提高农业生产力，而且是实现优质、高产、低耗和环保的可持续发展农业的有效途径。

用于支撑精准农业的十个系统包括全球定位系统、农田信息采集系统、农田遥感监测系统、农田地理信息系统、农业专家系统、智能化农机具系统、环境监测系统、系统集成、网络化管理系统和培训系统。精准农业主要强调效益，而不过分追求高产。数字农业成为 21 世纪农业的重要发展方向。精准农业采用一种高精度的技术"差分校正全球卫星定位系统"（differential global positioning system，DGPS）进行信息获取和实时定位，并可根据不同目的选择不同精度。利用带 GPS 并装载有产量传感器及小区产量生成图的智能化农业机械设备，自动控制精密播种、施肥、洒药等，可建立一个完善的农田地理信息系统。遥感技术是精准农业田间信息获取的关键技术，为精准农业提供农田小区内作物生长环境、生长状况和空间变异信息的技术要求。

作物生产管理专家决策系统包括用于提供作物生长过程模拟、投入产出分析与模拟的模型库；支持作物生产管理的数据资源的数据库；作物生产管理知识、经验的集合知识库；基于数据、模型、知识库的推理程序；人机交互界面程序等。田间肥力、墒情、苗情、杂草和病虫害监测及信息采集处理技术设备将为农业生产管理专家决策系统提供丰富的信息。

精准农业技术被认为是 21 世纪农业科技发展的前沿，是科技含量最高、集成综合性最强的现代农业生产管理技术之一。可以预言，它的应用实践和快速发展，将使人类充分挖掘农田最大的生产潜力、合理利用水肥资源、减少环境污染、大幅度提高农产品产量和品质成为可能。实施精准农业也是解决我国农业由传统农业向现代农业发展过程中所面临的确保农产品总量、调整农业产业结构、改善农产品品质和质量、资源严重不足且利用率低、环境污染等问题的有效方式，已成为我国农业科技革命的重要内容。

4.2.3 食物追踪

1. 食品安全的重要性

食品安全是当前公众关注的焦点问题之一，它既与国民的身体健康、生命安全息息相关，也涉及我国食品产业在国际上的声誉，且同我国经济发展和社会安全密不可分。目前我国食品安全面临的形势是：一方面，总体状况趋好；另一方面，食品安全事件仍不断发生。与此同时，微博、微信等多种自媒体平台助长了食品安全谣言的传播，严重干扰了公众的理性认识，导致公众对食品安全满意度很低。食品安全是一个复杂的问题，涉及食品从生产到流通的各个环节，这些环节的关键点可组成各种庞大的数据模型，有效、适时的大数据应用能够让我们从这些数据中分析出很多有价值的信息，从而正确应对食品安全问题。

大数据时代既是全球的大数据时代，也是每个人都拥有的个人化、个性化的大数据时代。同样，大数据既是个人化数据，也是社会化数据，它体现了个人与社会的高度融合。食品安全大数据也是如此，需要全社会的关注，主动反馈各类数据和信息，形成信息逆流，让民意成为执法监管的辅助利器。消费者在购买食品时，可以通过手机终端进行"身份验证"和"信誉验证"，在发现有食品质量问题时，可用手机进行投诉，而这些投诉的数据又可被"大数据食品安全网络舆情指数监测平台"监测和分析，从而形成一个良好的闭环数据循环。

总之，大数据不仅能带来商机，亦能创造社会价值。构建食品安全信息的汇集与分析大数据平台，可为政府监管部门、企业、消费者提供全面、准确的食品安全信息服务，促进食品安全监管模式转变升级，为食品安全撑起有力的保护伞。

2. 大数据助力食品安全管理

食品安全云是利用大数据、云计算、互联网等技术进行食品安全管理，将原先分散在政府部门、检测机构、企业、公众各个环节不相联系的数据，通过政府引导，以云计算、云存储等技术汇聚起来，从而消除条块分割和数据孤岛。食品监管部门不仅可以将云端的食品生产企业自检报告数据和政府抽检数据进行比对，还可以把企业产品质量与诚信状况连接起来，提高监管效率；食品安全云使更多人步入了数据生活时代，消费者可通过数据衡量产品品质，保障"舌尖上的安全"。贵州省建立了首个省级"食品安全云"平台，只有各大商家积极投入到食品安全云网建设中,才能让食品安全云"飘"起来。目前已经有永辉食品安全云网,内蒙古蒙牛乳业集团、京东也开始建立"食品安全云",助推"舌尖上的安全"。

食品安全追溯制度最早起源于 1997 年,由欧盟为应对"疯牛病"事件而提出,并在牛肉供应链中实施。之后,食品安全追溯制度作为加强食品安全信息传递、降低食品安全风险的手段,被世界各国普遍采纳和推广,并通过立法确立下来。我国 2015 年 10 月 1 日起施行的《食品安全法》从国家层面提出了建立食品安全全程追溯制度,为保障食品全产业链的安全提出了新要求,也为食品安全又配了"一把锁"。

企业要建立食品追溯体系,首先要通过信息化手段覆盖种植、养殖、加工、包装、物流、销售等运营过程,完善地记录各环节的经营数据,建立可追溯的信息系统。在这些环节中,有后端的田间和养殖管理系统,中间的加工与物流运输系统,以及前端的销售和追溯反馈平台,这就需要企业在一个集成开放性良好的平台上去搭建食品追溯体系。这种集成开放性不仅表现在软件方面,也需要兼具硬件方面的集成与开放,需要借助更多便携式信息化硬件设备,如智能手机、手提式检测设备等,快速有效地采集追溯数据。所以食品追溯平台首先要做到功能集成,接口开放,才能将各环节数据留存系统,以便后续追溯。

产品的可追溯分两个层面:第一个层面是企业对食品生产链信息的可追溯;第二个层面是政府对于生产链信息的监管数据库建设。目前,我国的食品可追溯系统建设还处在第一层面,而且大多食品可追溯系统仅涉及生产链的某一环节,并未实现生产链的全程可追溯。大数据可视化系统可以实现对食品可追溯第二层面的追求。大数据可视化就是对数据进行分类储存和便捷的提取查阅,通过标识平台对繁杂散乱的信息进行系统归档,依赖扫码 APP 设计实现提取查阅。扫码 APP 除了具备丰富的码类识别功能之外,还要有充足的数据接入端保证足够的溯源信息才能实现大数据的可视化。扫码 APP 通过扫描食品溯源码直接获取产品信息,并对数据进行精致的后期编辑后在界面中呈现给消费者。

在智能时代人们将更关注即时的信息反馈,利用射频识别(radio frequency identification,RIFD)技术,用户可以通过扫描冷藏食物记录信息,将手机与智能冰箱绑定便能实时监控冷藏食品情况。广泛分布的传感器和对大数据分析的综合利用有望帮助我们有效地克服食物链中的浪费。

大数据管理可将各类海量数据聚合在一起,从而满足传统管理中难以实现的需求。大数据管理的虚拟性有利于信息的跨区域管理,避免各行政区域政府职能管理部门的地方保护,减少食品监管相互推诿扯皮等不良现象。食品监管部门的条块分割造成了监管信息分散、信息内容单一、部门之间信息沟通不畅等问题。因此,运用大数据进行综合应用和管理,可优化职能监管部门的资源配置,制定较好的统筹与协调解决方案。在合理配置监管部门职能的同时,将极大提高信息的利用效率,节约成本,减少对外部资源的依赖。

3. 大数据与食物搭配

由 IBM 公司研发的"美食家"程序，能构想出无数令人称奇的食物搭配。据美国媒体报道，智能厨房系统"美食家"创造出的全新食谱匪夷所思却很美味，未来由机器和人类厨师合作烹饪美食将成为一种时尚。目前，"美食家"程序已经装载到"认知烹饪"的餐车上，让先进的计算机创造出人类想象不到的食谱。

"美食家"是如何做到准确无误地配制食材和调制口味的呢？这一切都是建立在对海量数据分析之上。超级计算机积累了巨大的知识体系，包括几百万份现有的食谱、维基百科、调味品说明乃至人们对 70 种不同化学成分的"好感度"评分。在食谱的筛选过程中，工程师设定了"新颖"和"高质量"两条标准。计算机通过特别的算法考察一份食谱更改人们现有食谱观念的程度，以衡量其新颖度。

味道的关键是气味，但软件无法得知一盘菜闻起来是什么味道。因此，"美食家"会将味道"数据化"——把食材细分成不同的"口味分子"，通过查询食材的化学性质并与其他"口味分子"做比较，预测特定的"口味分子"有多"好闻"。接下来，计算机将多种"口味分子"结合，得出食物气味的总体"怡人度"。依照新奇度、怡人度和搭配进行排名，"美食家"就能输出全新的食谱了。

不过，"美食家"也存在缺陷，利用计算机食谱进行烹饪的厨师还必须自行调整食材比例、调味品和烹饪手法。即便如此，"美食家"根据食材的化学成分以及人类的感知模式，判断哪种搭配会让人感到美味和惊喜，可谓是计算机数据分析能力的一大飞跃。

显然，我们每个人都是凭直觉来断定食物是否可口或难吃，因此，在大脑中储存的色、香、味信息都来自每个人的食物。在计算机、数据库和现代化信息技术出现之前，每个人的饮食中一直都存在着大量"分析学"的东西。现代工业化食物链中的分析学非常的复杂和微妙，已经远远超越了我们祖先所积累的经验。测量是分析学的核心，同时也是食物准备工作的精髓。这是因为饮食是一门根据特定步骤以详细比例测算、综合、处理并消费特定食材的艺术。一位特级厨师所做的菜品，在配料、味道、口感方面都有独到之处，这与他的实践经验有关。实际上每一个人对于摄入的食物是"太多、太少或正好"都有着自己的评估标准。这些估算出来的数值可能涉及或是不涉及正式的计量单位，但是它们通常都不是随意得出的数值。

IBM 研发的机器人"沃森大厨"一度成为新闻媒体报道的焦点。借助大数据，测量与分析能够为我们带来一种"后现代的味觉感受"。烹饪一直是以食物链为基础，传递人类生存所需要的营养物质。这位"沃森大厨"与"美食家"的不同之处在于它管理的东西更多、更丰富。"沃森大厨"不仅能配制食谱，还能对"从农场到餐桌"供应链中的耕种、加工、包装、分销和备菜等环节进行分析、管理与优化。"沃森大厨"在配料标签、在线评级服务和其他决策支持资源等方面都很优秀。

4.2.4 对供应链的影响

新技术的研发，尤其是作物遗传学等复杂领域的新技术研发，需要庞大的投资以及小公司无法承担的昂贵设施。在追逐科技浪尖的过程中，出现了一些农业巨头公司，美国孟山都公司就是其中一个。孟山都公司在转基因作物方面取得的成功，是其他小型农业科技企业无法企及的。此外，孟山都公司在经营理念上的独创性，使其在转基因作物种子的品质管理上独占鳌头。

孟山都公司具有雄厚的研发实力，其培育出的转基因种子在世界上多个国家进行大规模种植。现在，由于有了基因编辑和云生物学等投入相对较少的生物技术，小公司也可以开展作物遗传改良，培育出具有优良特性的作物品种。这对于今后农业科技的发展十分有利。

商业化农业生产十分复杂，涉及生物学、气象和人类活动。近年，种植者采用新的精准农业技术，精准地追踪不同田地的产出，操纵和控制设备，检测田地状况，管理投入品，大幅度提高了生产率和利润。同时，数据迅速积累，其量变得庞大且错综复杂，只能用计算机软件进行分析。数据本身无法创造见解，需要通过分析和咨询服务来帮助农民洞察数据。以机器学习为核心的软件应用在数据、设备和人类互动时变得越来越智能化和定制化。通过学习，这些软件能提供以前没有的机遇，帮助我们在农事方面做出更明智的决策。另外，大部分公司需要面临的挑战是，复杂的定价策略在不断演化，涉及层层分销商、经销商、打包销售、返利折让等一系列过程，造成产业链过程中价格不透明。谁能掌握此先机，谁就掌握了市场的主动权。

大数据公司能测试各种各样的基因组、作物投入品以及很多不同的农田、土壤和气候条件。他们按照土地的真实环境进行田间试验，为农民特供在特定土壤和特定气候条件下优化种植的信息，甚至细化到每一粒种子。通过内置于其他端到端链条中的分析设备，能够有效地减少食物链中的浪费。改良后的天气模型能够降低由天气导致的农作物损失。地理空间分析能够减少耕种过程中的水资源与肥料的浪费。供应链分析能够减少食物配送至工厂和商店环节中的损耗。前瞻性需求规划能够减少食物在变质之前滞销或被丢弃的风险。总之，这些基于分析的实践可以被视作现代社会中可持续性食物链管理行动的"菜谱"。

4.3 如何利用农业大数据

目前,农业生产模式正在从机械化向信息化转变,以精准为特征的农业,正在让种植变得更加容易。如何有效利用农业大数据,是从传统农业迈向现代农业的关键。

首先,我们了解一下美国利用农业大数据的情况。一些美国的种业巨头已经意识到大数据时代的来临,这意味着传统行业模式亟待转型。美国农用机械制造商约翰迪尔公司在所有的拖拉机上都安装了传感器,将机械状况及土壤和农作物的生长情况传到服务云平台(MyJohnDeere.com 和 FarmSight)进行分析,然后提供可以让订阅的农户了解何时订购备件、何时播种之类的信息。随着大数据时代的来临,种植者也将从传统的农户转变为学习型农户,加上种植规模的扩大,职业型农户将逐渐增多,其文化水平也将有很大提升,以适应大数据时代农业模式的变革。

农业大数据促进了农业公司与种植者的合作。大数据时代的农业对技术的要求更高,农户对这些由农业公司提供的新技术不太了解,因此,加强农业公司对农户的技术指导,才能将新技术广泛应用于生产。另一位美国种业巨头杜邦先锋公司依托其优质种质资源与研发技术,已先行结合农业大数据推进精准农业技术。其种子部门与约翰迪尔公司联手,给农民提供种子和化肥方面的指导。目前,许多种业巨头都投入大量资金用于农业大数据系统研发,出现了约翰迪尔公司的 FramSight、孟山都公司的 ClimatePro 和 FieldScripts、杜邦先锋公司的 Field360 等,这些农业大数据系统的一个共同特点是都与气候云(climate cloud)相结合,整合了农民机械化农场设备的种植和产量数据,以及气象、种植区划等多样数据,可以得出较为详尽的种植决策,实现农事活动精准化。

4.4 大数据与遗传育种

遗传育种的目的是改良动植物的遗传特性,以培育高产优质的品种。早在栽培植物出现之初,人类简单的种植和采收活动中,就已有作物育种的萌芽。在中国早期农业实践活动中,就有对作物品种进行选育的记载。《诗经》记载:"黍稷重穋","稙稚菽麦";《齐民要术》记载粟品种 86 个;《理生玉镜稻品》详细描述了嘉靖年间苏州地区的水稻品种。在欧洲,农民对作物进行人工杂交,以期望获得新的品种。1719 年,费尔柴尔德最早进行植物人工杂交并获得杂种。孟德尔也受欧洲植物杂交先驱的影响,开展了豌豆的杂交实验。

许多谷类作物在基因组学领域研究中已经获得了重要进展。例如,高密度分子标记图谱的制备，为许多经济特性有关的基因或 QTL 分析鉴定提供了帮助。此外，基因组、基因间隔或 EST 测序提供的序列数据，可用于对农学性状候选基因的鉴定。基因组学方法与转录组学、蛋白组学、代谢组学和生物信息学整合在一起，为育种基因组学提供了有效的工具，这种整体方法称作基因组学辅助育种 (genomics-assisted breeding，GAB) 技术。然而，该方法仍然面临许多挑战，尤其是在育种计划中采用功能基因组学和表达遗传学方法去鉴定基因。

4.4.1 基因组辅助育种技术

利用基因组学方法在基础研究方面取得了巨大进展，包括具有生物学和农艺学重要性的几种植物的基因组序列、大量的 EST 和基因敲除群体。新知识和新工具正在改变着作物研究策略，将降低研究成本并提高分析效率。这仍然需要学科间的整合，例如结构基因组学、转录组学、蛋白质组学和代谢物组学与植物生理学和植物育种学的整合。生物信息学为数据库间的整合提供了工具，进而将促进学科之间的融合。基因组学研究已经成功地揭示了多种代谢途径，并为农艺性状提供了分子标记。然而，表观遗传学现象的机理刚开始被了解，其在作物改良中的潜在角色仍然未知。同样，大量关于杂种优势的基础信息正在浮现。杂种优势机理的最终解析可能是分子遗传研究对作物改良最重要的贡献之一。最终，育种家的目标是能够快速分析单个植株的遗传构成，从而在育种群体中选择期望的基因型。每个植株或后代"图解基因型"的构建，可以使育种家了解到染色体片段是由哪些亲本传递的，从而加快选择进程，并可能减少大规模的田间试验。对育种家来说，扩展到对整个基因组的选择，可以利用微机设计优良基因型，这种方法称为"设计育种"。因此，在后基因组时代，与自动化相结合的高通量分析方法、公共数据库序列资料数量的增加和改进的生物信息学技术，将促进改良作物的基因组学研究。但利用基因组学策略和工具的成本在商业化和公共育种计划中太大，特别是对于仅有地区重要性的作物尤其如此。但是，标记辅助育种或标记辅助选择将逐渐进化为作物"改良的基因组学辅助育种"。新开发的遗传学和基因组学工具将促进而不是取代常规育种和评价程序，对基因型价值的最终测试在于目标环境的表现及农民的接受程度。

1. 分子标记辅助选择

分子标记辅助选择是随着现代分子生物学技术的迅速发展而产生的新技术，它可以从分子水平上快速准确地分析个体的遗传组成，从而实现对基因型的直接选择，进行分子育种。利用分子标记技术检测与目标基因紧密连锁的分子标记的基因型，可以推测和获知目标基因型，直接对目标基因进行选择。分子标记辅助选择的强大之处还在于能在下一代产品的早期生长阶段对不同性状进行间接选择,加快育种进程,促进作物遗传改良。采用分子标记辅助选择方法,已经对谷类作物的许多控制农学性状、非生物和生物应激产生耐受的基因和数量性状位点进行了鉴定。

虽然分子标记辅助选择的潜在优势巨大,但目前大规模的应用却只限于玉米、小麦和水稻等少数几种作物。大麦与小麦的育种系统类似,但前者发展更快,可能是因为大麦的遗传学内容更为简单。在众多谷类作物中,水稻尤其重要。其他的谷物,如燕麦、黑麦、高粱和小米,因为处于次要地位而几乎没有什么重大计划。目前,在大麦和小麦育种方面,有许多计划和新项目正开始实施,如澳大利亚的小麦和大麦分子育种计划,以及 MASWheat 计划。

传统育种技术选择效率较低,育种周期较长,已不能完全满足当前农业生产的需求。随着分子标记技术的发展,在分子水平上评价遗传资源、创制新材料、培育新品种的技术逐渐成为新一代植物育种的关键技术。利用分子标记辅助选择可显著提高选择效率和准确性,加快育种进程。具体而言,分子标记辅助选择有以下优越性:一是克服性状表型鉴定的困难;二是可在生长发育早期选择;三是控制同一性状的多个基因的利用;四是允许同时选择多个性状;五是性状评价和选择不具有破坏性;六是可提高回交育种效率。

在实施分子标记辅助选择时,首要考虑对目标基因进行选择,即前景选择(foreground selection)。前景选择的可靠性主要取决于分子标记与目标基因间连锁的紧密程度。如果利用与目标基因共分离的分子标记或根据目标基因序列开发的功能性分子标记(functional marker)进行选择,则标记的选择直接就是基因的选择。前景选择的作用是保证所选后代中均携带有目标基因。在开展标记辅助选择育种过程中,为了加快育种进程,使后代个体遗传背景尽快恢复成轮回亲本基因组,在开展前景选择的同时,还进行背景选择(background selection),即除目标基因外的整个基因组的选择。与前景选择不同的是,背景选择的对象几乎包括了整个基因组。在分离群体(如 F_2 群体)中,由于在上一代形成配子时同源染色体之间会发生交换,每条染色体都可能是由双亲染色体重新"组装"成的杂合体。所以,要对整个基因组进行选择,就必须知道每条染色体的组成。这就要求用来选择的标记能够覆盖整个基因组,也就是说,必须有一张完整的分子标记连锁图。当一个个体中覆盖全基因组的所有标记的基因型都已知时,就可以推测出各个标记座位上的等位基因来自哪个亲本,进而推测出该个体中所有染色体的组成。

利用基因组学理论和方法,可以追踪作物传播轨迹。最经典的例子是学者 Mir 等对玉米传播的研究,法国农业科学院与墨西哥、乌拉圭、泰国等相关机构合作,利用 SSR 标记,对 799 份来自全球的玉米地方品种(共 11985 个植株)进行了基因型鉴定,发现地方品种之间的遗传关系与地理来源有对应关系,基本澄清了亚非玉米的来源。研究发现,中国南方和黄淮海地区的地方品种可能来自从葡萄牙和西班牙传入东南亚后再传入墨西哥的地方品种,而中国东北地区的地方品种可能来自过去100多年里从美国传入的地方品种。需要指出的是，目的性更强的现代作物育种历史并不长，但所形成的现代品种（或品系）携带的目标性状更符合人类需求。从基因组水平来说，强烈的人工选择使遗传多样性从地方品种到现代品种进一步降低，基因组中出现了除驯化相关区域之外的新选择区域。应用基因组学方法，全面分析野生近缘种、地方品种、现代品种等种质资源，可更清楚地了解不同阶段产生的种质资源的遗传变异变化和人工选择区段及其与表型性状的关系。

近20年来，有许多遗传学研究者或育种工作者利用2个有明显遗传差异的材料作为亲本进行杂交获得人工作图群体，用于发掘新的功能基因，这种方法已被广泛采用。在连锁分析中，分子标记的密度是影响QTL定位精度的重要因素之一。构建高密度的SNP图谱可提高QTL位置的定位精度，提高QTL效应值估计精度和缩小QTL的置信区间，有利于QTL精细定位、图位克隆和候选基因挖掘，特别是由于近年来第二代基因测序技术成本大幅度降低，构建高密度分子图谱将成为今后重要的发展方向。一种策略是先对双亲进行重测序，在高质量SNP中筛选部分均匀分布的标记构建SNP芯片，再用芯片对群体进行基因型鉴定。另一种策略是对所有作图群体个体或家系直接进行测序，再构建SNP图谱。由于对每个SNP位点进行逐个统计分析较为烦琐，而多个紧密连锁的SNP位点形成的单体型可以简化SNP的分型，从而使单位点与QTL的连锁分析转变成多位点与QTL的连锁分析，大大提高了统计检测的效率。

关联分析是利用历史积累的自然变异材料（即种质资源）来阐明基因型与表型的相互关系，因此成为研究种质资源自然变异、发掘有利等位基因的最佳策略。关联分析有GWAS、区域水平关联分析（local or regional association analysis）和候选基因关联分析（candidate gene-based association analysis）等三种形式。2001年，美国康奈尔大学Buckler研究组首次将人类遗传学的关联分析方法应用于植物遗传学研究。虽然Buckler研究组对玉米*Dwarf8*的候选基因关联分析结果并不理想，可能包含群体结构造成的假阳性，但却开辟了候选基因关联分析验证作物基因功能和挖掘有利等位基因的先河。

由于长期的驯化和遗传改良，当今的优良作物品种常遇到遗传基础变窄的瓶颈，迫切需要从外部导入新基因或引入新的等位变异。由于野生近缘种和地方品种的遗传多样性极为丰富，因此针对地方品种和野生近缘植物的种质创新研究已成为热点领域。随着种质创新研究工作正以表型选择为主转变为以分子标记选择和全基因组选择等为主，外源优异基因的鉴定和利用不断加快。多个重要农作物和一些模式植物全基因组测序的完成和高通量重测序技术的普及，为作物种质资源研究提供了跨越式发展机遇。如何把基因组学理论、方法及其成果与作物种质资源研究有机结合起来，提高种质资源保护的安全性和利用的高效性，已成为中国作物种质资源工作者的重点任务。

2. 基因组编辑技术

基因组编辑（genome editing）技术是近些年新发展起来的一种对基因组进行精准修饰的技术，它能在基因组上进行定点突变、定点插入或删除、基因置换，并在两位点或多位点同时进行定点突变或小片段缺失等操作，已经成为发育生物学的重要工具。该技术可以用于系统地研究基因、调控元件在特定生理或发育过程中的作用，或者用于作物性状的定向改良。最初，基因组编辑主要采用同源重组介导的打靶技术，但效果不太理想。后来研究者用改造过的人工内切核酸酶在基因组特定位置上制造 DNA 双链断裂，借助断裂修复过程对生物基因组进行定点编辑。

该技术的基本原理是：以 DNA 结合蛋白[锌指蛋白、类转录激活因子效应物或者后来出现的成簇的规律间隔的短回文重复序列（CRISPR）]与内切核酸酶 Fok I 融合成人工内切核酸酶（ZFN、TALEN 或者 CRISPR/Cas9）为工具，在基因组的特定位置打断 DNA 双链、制造双链断裂；双链断裂会借助细胞的非同源末端连接（non-homologous end joining，NHEJ）或同源定向重组（homology-directed recombination，HDR）进行修复；在 HDR 方式的修复重组过程中，提供含外源片段的修复供体，即可引入预设突变，对基因组进行定点编辑，具体过程如图 4-4 所示。ZFN 及 TALEN 技术程序较复杂、效率较低，在一定程度上影响了基因组编辑技术的应用。

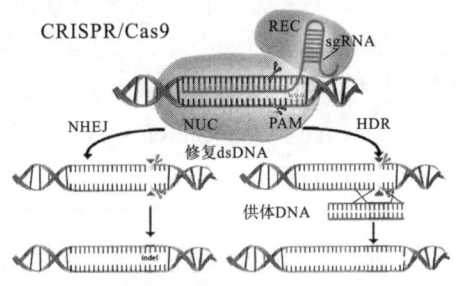

图 4-4　基因组定点编辑示意图

REC：识别瓣叶（recognition lobe）；NUC：核酸酶瓣叶（nuclease lobe）；
PAM：前间区序列邻近基序（protospacer adjacent motif）

基因组编辑技术不仅应用于植物功能基因组研究，还应用于农作物的品种改良，帮助育种工作者更加快速、准确地定向改造作物品种。目前，利用不同的基因组编辑系统，已经在模式作物拟南芥、烟草以及粮食作物水稻、玉米、小麦和马铃薯等多种植物中实现了靶基因的敲除和敲入。

此外，基因组编辑也可应用于家畜家禽的遗传改良，最近英国爱丁堡大学（University of Edinburgh）的罗斯林研究所（Roslin Institute）首席研究员阿兰·阿希巴尔德(Alan Archibald)教授的研究团队，通过"基因编辑"技术培育出一种可抵御致命的"蓝耳病"(PRRS)病毒的"超级猪"。这一成果也使人联想到能否通过"基因编辑"技术改造人类胚胎干细胞基因组，使人类对新兴病毒如 HIV、埃博拉病毒、SARS 病毒、马尔堡病毒等产生抗性。但对人类实施"基因编辑"可能涉及伦理学问题，政府能否允许这样的技术进入临床医学还是一个问号。目前，有许多欧洲左翼人士对生物技术还心存戒备，多数敌意主要来自欧洲汹涌澎湃的环保运动，例如环保人士反对转基因食品。在中国，许多民众对转基因大豆有抵触情绪。因此，利用"基因编辑"技术来创造出"超级婴儿"，一定会受到来自各方面势力的阻挠。1999 年，哲学家彼得·斯洛特迪克(Peter Sloterdijk)曾发起一场反抗运动，他担忧人类将无法拒绝生物技术提供的选择权力，无法忽视尼采与柏拉图提出的繁育"超越"人类之物的问题。"基因编辑"技术用来制造"超级婴儿"，繁育出"超越"人类之物，正是哲学家彼得·斯洛特迪克竭力抵抗的事物。

罗斯林研究所的阿兰·阿希巴尔德教授研究团队通过 CRISPR/Cas9 基因编辑技术敲除 *CD163* 基因的一个外显子来改变基因编码产物，使 PRRS 病毒无法识别细胞表面变异的受体而无法侵染细胞。敲除 *CD163* 基因的一个外显子不会影响猪的健康，分离的多种单核细胞和巨噬细胞可以抵抗 PRRS 病毒的感染。

PRRS 病毒对受感染的猪有严格的单核-巨噬细胞嗜性，而受体是介导病毒入侵的决定因素，PRRS 病毒通过侵害免疫器官导致免疫抑制和持续感染。在感染巨噬细胞时，硫酸乙酰肝素(heparin sulfate，HS)首先将 PRRS 病毒吸附到细胞表面，引起唾液酸黏附素(sialoadhesin，Sn)的 N 端唾液酸结合位点与病毒的 GP5/M 复合体结合，激活 Sn 信号通道诱发细胞内吞作用，之后在 CD163 分子作用下将 PRRS 病毒基因组 mRNA 释放到细胞质中，继而完成复制过程。

CD163 蛋白大小为 130kDa，故也称 M130 蛋白。猪肺泡巨噬细胞(porcine alveolar macrophages, PAM)的 CD163 蛋白是巨噬细胞表面的跨膜蛋白，包括胞外区、跨膜区和胞质尾区，胞外区含有一个信号肽(1-40AA)和 9 个富含半胱氨酸(SRCR)结构域。富含半胱氨酸的 I 型糖基化蛋白 CD163 分子通过胞外区的 SRCR5 结构域识别病毒的 GP2 和 GP4 蛋白，胞质尾区可以识别和清除机体内源产物，因此被称为清道夫受体(scavenger receptor)。

英国雷丁大学(University of Reading)病毒学教授伊恩·琼斯(Ian Jones)称，罗斯林研究所阿兰·阿希巴尔德教授团队已删除了部分病毒受体(即病毒作为启动感染的细胞门户)。如果病毒不能进入，就可以预防疾病。不过，这种方法要被公众和市场接受尚需时日，同时琼斯教授也担心 PRRS 病毒突变后会通过其他受体进入细胞。

美国科学家乔治·丘奇(George Church)和艾德·里吉西(Ed Regis)在其著作《再创世纪：合成生物学将如何重新创造自然和我们人类》中讲述了他们对大肠杆菌所做的基因编辑方面的研究工作。通过移除大肠杆菌编码"释放因子 1"(简

称 *RF1*) 的基因来起到对病毒免疫的作用。在大肠杆菌中，有 322 种蛋白质基因是以 UAG 作为终止密码，*RF1* 会结合到 UAG 位点上，让核糖体停止工作，如果将 322 个 UAG 用同义密码子 UAA 替换，就可以安全地删除 *RF1*。当病毒再次入侵时，它需要 *RF1* 来正确调用 UAG 密码子，核糖体在遇到 UAG 时就会继续工作，其结果就是形成错误的蛋白质。接下来，他们又进行了对精氨酸同义密码子的改造，将所有的 AGA 和 AGG 密码子换成同义密码子 CGA、CGG、CGC 或 CGU，然后删除结合、识别和翻译 AGA 和 AGG 密码子的 tRNA 基因。一旦核糖体遇到 AGA 和 AGG，由于核糖体缺少 tRNA 就会停滞，合成出带有缺陷的重要细胞蛋白质。即使有其他 tRNA 顶替上来防止核糖体停滞，那些错误的氨基酸也会给细胞带来灾难性的后果。

大肠杆菌共有大约 4200 个蛋白编码基因，相比其他生物，这个数目意味着开展大肠杆菌的工作会简单得多。但是只要我们能够在大肠杆菌和其他工业微生物中取得成功，就有能力挑战差不多有 20000 个蛋白质编码基因的农作物和动物。对多能干细胞进行改造后植入囊胚期的胚胎中，培养出对病毒有免疫能力的动物个体，这种特性可以遗传给后代。对家养动物进行基因编辑不会引起太大的争论，毕竟对病毒有免疫能力是动物养殖业的一大好事，因为疾病流行导致大批牲畜死亡会让养殖户遭受巨大的经济损失。

4.4.2 作物基因组与遗传改良

在作物中，大多数重要农艺性状都是数量性状，如产量、成熟期、品质、抗旱性等均表现为性状连续变异的遗传特点，受许多数量基因座位和环境因子的共同作用。长期以来，研究者将控制数量性状的多基因作为一个整体，通过数理统计学的方法来剖析和描述遗传特征，无法确定控制数量性状的基因数目，更无法确定单个数量性状位点的遗传效应以及它们在染色体上的准确位置。从 20 世纪 80 年代以来，DNA 分子标记技术及分子连锁图谱的迅猛发展，使这种情形有了很大的转变，数量性状的遗传剖析开始成为现实，数量遗传学也因此发生了一场改头换面的变革，形成了分子数量遗传学这一新的分支学科。利用分子标记技术将一个复杂的多基因系统分解成单个的孟德尔因子，使人们能够像对待质量性状那样，对数量性状进行研究。这不仅大大加深了对数量性状遗传基础的认识，而且也增强了人们对数量性状的遗传操纵能力。目前，QTL 作图（QTL mapping）已在动植物中广泛展开，借助分子标记技术对目标性状 QTL 在染色体上的位置、基因效应、基因与环境互作等进行了全面研究。对主效 QTL 的基因克隆也已取得重大进展，一些主效 QTL 的基因已被克隆分离出来。

早期的分子标记研究中，由于可以利用的标记数量有限，常采用单个标记做 QTL 定位研究，随着分子标记数量增多以及饱和遗传连锁图谱的构建，利用连锁图上多个标记的信息做 QTL 分析成为主流。无论如何，QTL 作图一般要经过分离世代建立、标记检测、数量性状值测定和统计分析等多个环节，其中如何分析标记基因型和数量性状值之间是否存在关联、发现 QTL 并准确估计 QTL 的遗传效应，不同作图方法所采用的遗传设计和统计原理有一定差异。总体而言，大多数作图方法都涉及大量数据与连锁标记的统计分析，相应的统计分析软件有 Mapmaker/QTL、MapManager、QTLmapper、QTLcartographer 等。QTL 定位方法按分析所用标记来分，主要有单标记分析法和区间定位法。

利用相同分子标记进行不同物种间 QTL 的比较作图，在植物中已分别对禾本科、茄科、十字花科等物种之间进行了比较作图分析。发现有些物种间的标记图谱和 QTL 图谱很相似。这种在不同物种中一致的基因位置和排序现象，也称为共线性(synteny)。不同物种间共线性 QTL 的发现，使人们可以预测一些重要 QTL 在不同种中的位置，从已知物种基因推测另一物种的同源基因的位置及功能，通过 QTL 图谱的比较，追溯物种的进化过程并开拓新的种质资源。这对农作物的重要农艺性状基因克隆及分子标记育种极其有利。由于水稻和拟南芥等模式植物的全基因组测序工作的完成，将模式植物的重要性状基因定位以及功能信息应用于其他众多的农作物，无疑对作物的遗传改良具有重要的意义。

1. 分子标记

基因组学带来的颠覆性技术之一是基因分型技术。该技术不仅可用于作物种质资源保护等基础性工作，还广泛应用于遗传多样性分析、新基因发掘和种质创新等多个方面。基因分型的必要手段是利用分子标记，如限制性片段长度多态性(restriction fragment length polymorphism，RFLP)、随机扩增多态性 DNA(random amplified polymorphic DNA，RAPD)、扩增片段长度多态性(amplified restriction fragment polymorphism，AFLP)、简单序列重复(simple sequence repeat，SSR)和单核苷酸多态性(SNP)等。目前，随着高通量检测和测序技术的发展，除 SSR 和 SNP 标记在广泛使用外，其他类型的标记已用得越来越少。在大多数情况下，SNP 标记与 SSR 标记的效用相差无几。SNP 标记由于具有覆盖全基因组、高通量、位点特异、共显性遗传、误检率低、开发和检测成本急剧降低等优点，将成为未来基因型鉴定的主要标记类型。

理论上讲，SNP 既可能是二等位多态性，也可能是 3 个或 4 个等位多态性(图4-5)；但实际上，后两者非常少见，几乎可以忽略。因此，通常所说的 SNP 都是二等位多态性的。这种变异可能是转换($C\longleftrightarrow T$，$G\longleftrightarrow A$)，也可能是颠换($C\longleftrightarrow A$，$G\longleftrightarrow T$，$C\longleftrightarrow G$，$A\longleftrightarrow T$)。转换的发生率总是明显高于其他几种变异，具有转换型变异的 SNP 约占 2/3，其他几种变异的发生概率相似。

基于分子生物学和自动化分析技术的进展，目前已经将高密度分子遗传图谱用于主要谷类物种分析。然而，黑麦、燕麦和小米的遗传图谱仍需整合更多标记。

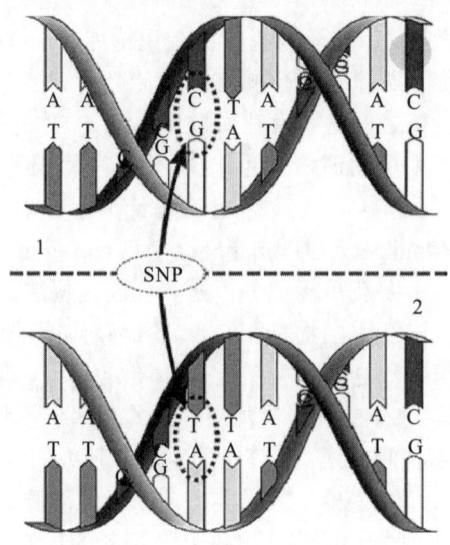

图 4-5 单核苷酸多态性示意图

在过去的几年中，全基因组测序、重测序、简化基因组测序、RNA 测序等二代基因测序开始运用于全基因组水平基因型鉴定。全基因组测序策略适合于拟南芥等小基因组物种，重测序则对水稻、高粱等基因组相对较小的物种是个较好的策略。此外，外显子测序、甲基化 DNA 测序、RNA 测序和序列捕获技术也可用来鉴定基因型。除全基因组水平的基因型鉴定外，还有一种针对目标基因进行的基因型鉴定，可以用来鉴定特定的等位基因或单体型。目前，中国的作物种质资源基因型鉴定大多数还使用 SSR 标记，利用芯片和测序技术进行 SNP 标记分析的基因型鉴定仅应用在玉米、水稻、小麦、大豆、棉花等作物中。因此，进一步提高种质资源基因型鉴定的通量和效率，并对中国库存种质资源进行全面鉴定评价，将是今后种质资源研究的突破口和重点。此外，一种称为多样性序列芯片技术（DArT）的高通量标记系统可直接用于全基因组图谱构建，不需要测定序列。全基因组图谱有助于建立性状相关标记，用于连锁分析和关联研究。

虽然早期开发了 cDNA-RFLP 功能标记，但当时不能预测它们的功能。现在可以通过对这些早期 cDNA 克隆进行测序来解决这一问题。近年来，EST 和基因序列被用于鉴定 SSR 和 SNP，并且在好几种谷类作物中开发了基因分子标记。除了用于"完美"或"理想"标记的鉴定，通过比较作图，功能标记已经成为估计天然种群和育种种群功能变化，研究基因进化的一种重要资源。

分子标记越来越多地用于对亲本材料的选择和对难以鉴定表型选择性状位点的快速选择，例如，对病害抗性、品质性状、与环境互作或进行评价成本很高性状的基因聚合。当增加选择位点数目时，连锁的有害等位基因会干扰标记辅助选择效率，供体亲本为近缘野生种时尤为严重。2001年，学者Hospital研究了这个问题，发现回交时连锁累赘减少的选择效率受群体大小、回交世代轮数及目标基因与两侧标记的距离等因素影响。但扩大群体大小和增加回交轮数均会增加育种成本。

在有EST或基因序列资料的植物中开发了大量的功能分子标记。与随机标记相比，功能标记因与相关性状的等位基因完全连锁有明显的优越性。功能分子标记可以从目标性状基因获得，并定位该基因的功能多态性，从而不需重新确定基因组区域(QTL)等位基因关系，适合在不同遗传背景下进行选择。因此，育种工作者可以利用功能标记这种"完美标记"在系谱和群体中追溯特定等位基因，减少基因两侧的"连锁累赘"，实现精准育种。

2. 表型的测定

植物育种中对基因组工具和策略的成功开发，需要对育种材料、作图群体和自然群体或基因库材料的农艺性状进行广泛而精细的表型测定。将表型拆分为组分可以提高遗传力，并帮助我们了解形成表型的生物学系统。将表型与基因联系起来的另一种策略是大突变群体或TILLING群体的表型鉴定。植物基因组的可塑性很大，很小的遗传变异就能产生不同的表型。一个实例是QTL变异的上位性影响。模拟研究表明，上位性在适应性性状的长期进化和群体多态性的动态变化中起着关键作用。表观遗传现象以及基因沉默、RNA干扰和异染色质DNA间的关系，证明了通过非编码sRNA进行RNA调控的复杂性。sRNA在植物中的存在及其在发育和形态建成中的作用也得到了证实。2003年，学者Mochida等在六倍体小麦中利用SNP区分部分同源基因的表达模式，以了解调节因子变化所引起的基因差异表达。随着微阵列技术的发展，基因网络及控制它们的调节因子将成为基因组学辅助育种的研究焦点。2005年，学者Axtell等利用微阵列研究发现在特定sRNA高度表达的组织中，相应的靶基因不能高效表达。已经证明，参与基因表达调控的区域如启动子、内含子、沉默子和其他DNA非编码序列所发生的变异，比蛋白质编码序列的变异更频繁。这种调控性变异在自然状态下可以充分遗传。学者Groteworth提出了一个模型来解释调节基因在复制和变异后，如何建立新的代谢途径并快速进化。目前了解调控性变异引起的表型变异还很困难，受制于表观遗传修饰的研究水平。基因沉默是通过一些表观遗传改变引起基因表达活性的永久性丢失，包括DNA甲基化、组蛋白编码的改变和RNA干扰。染色体结构变化在对调控区域造成影响时也可导致大规模基因组效应，从而使被调控的功能基因失去转录活性。表观遗传修饰的研究有助于形成作物改良策略的新模式。

3. 关联作图

另一种用于鉴定分子标记的方法是关联作图，该方法以连锁不平衡(LD)为基础。

与传统的两系作图种群如 DH、F_2 或 RILs 不同,天然种群是重组的多次循环产物,可以增强 QTL 分辨率。对于数量性状变异基因的鉴定,使用天然种群的关联作图要比以两系作图种群为基础的连锁分析更强大。围绕一个基因座位 LD 的范围,要测定关联分析的分辨率和标记数量,需要进行全基因组扫描。标记和候选基因间的连锁距离变化很大,在于大多数品种基因组中的遗传重组不是平均分布的。

LD 亦称为配子相不平衡(gametic phase disequilibrium)、配子不平衡(gametic disequilibrium)或等位基因关联(allelic association),是指群体内不同座位等位基因(或标记与基因/QTL)间的非随机关联。同一染色体或不同染色体的基因座之间均可呈现 LD。群体内的 LD 均是由突变产生的等位基因出现后座位间所有重组事件累积引起的结果。位点间连锁越紧密,其 LD 水平越高。

突变和重组是影响 LD 最重要的因素。突变是 LD 形成的原因,新突变可打破原有 LD,形成新的 LD。多态位点间的重组也可打破 LD,无连锁和自由交配的重组使位点间等位基因处于连锁平衡状态。群体中的 LD 是突变、重组和其他因素影响累积的结果。此外,物种交配方式、染色体位置、群体大小、自然与人工选择、遗传漂变和基因转换等也是影响 LD 的因素。

LD 取决于进化或选择历史,因此,只有紧密连锁的基因或标记才可以被检测到。因为作物种群通常是可以被构建的,所以学者 Prichard 等提出了一个基于种群的方法,能够对结构种群中的等位基因和性状关系进行大规模的评估。采用这种方法,当一个 QTL 与标记紧密连锁时,标记-性状关联是唯一可以被预期的内容,因为在发育期间,重组事件累积的发生,将妨碍任何标记-性状关联的检测。

既然关联作图和连锁作图是两种互补的方法,将这两种方法结合起来可能效果更好,能充分体现两者的优点。

在群体中,个体等位基因差异是表型差异的根本原因。在自然群体的基因组中存在数目庞大的多态性,由于连锁的存在及群体形成过程中突变、重组和选择等因素的影响,多态位点的等位基因间存在广泛的非随机关联,亦即 LD 状态。多个基因座的等位基因间的 LD 形成了一系列的单体型。单体型的大小取决于 LD 的衰减水平,LD 的衰减水平越高,则形成的单体型越小。根据单体型可把群体内个体区分为不同类型或亚群。由于存在引起表型变异的等位基因,使得不同的单体型群体具有表型上的差异,分析不同单体型群体与表型变异的关联,就可把引起表型变异的位点定位到相对应的单体型上。因此,分析标记与引起表型变异的数量性状位点(QTL)的关联性,根据分子标记信息即可定位 QTL。如果所分析的分子标记恰为引起表型变异的位点,这种关联称为直接关联;如果标记与 QTL 形成单体型,则称为间接关联。间接关联定位 QTL 的精度与物种中 LD 衰减速度密切相关,LD 衰减速度快则定位精细,反之亦然。

与基于连锁分析的 QTL 相比,关联分析具有以下优势:一是关联分析利用的是自然群体,构建群体不需要控制材料的交配方式。构建常规 QTL 作图群体时需要控制实验群体的交配方式,通常需要两年时间或更长,特别是构建精细定位的次级群体可能会耗时数年。二是关联分析所用群体有更为广泛的遗传基础,可同时对同一基因座的多个等位基因进行分析,而绝大部分常规 QTL 作图所用群体通常为两亲本杂交重组后代,其基因座一般只涉及两个等位基因。三是关联分析作图定位更为精确,可以达到单基因水平。关联分析利用的是自然群体在长期进化过程中所累积的重组信息,因此具有更高的分辨率,可实现对 QTL 的精细定位,甚至可直接定位到基因本身;常规 QTL 作图则受重组发生率的影响,一般分辨率较低,通常初级群体能够将基因定位到 10~30cM 区间内,次级群体可将基因定位到 1cM 区段内。

关联分析是利用标记与 QTL 等位基因间的 LD 来定位 QTL,当选取的标记数量多到足以覆盖全基因组片段时,即可定位到所有影响表型的 QTL,此种定位 QTL 的策略称为基于全基因组扫描的关联分析。全基因组扫描方法所需标记的数目取决于物种基因组大小和 LD 水平。物种基因组大小相同时,LD 衰减速度慢的物种所需标记少,但由于标记与目标基因在物理距离较远的情况下亦可出现高的 LD,故其定位精度比衰减速度快的物种低。

鉴于物种的基因组碱基序列通常数以千万计甚至更多,全基因组扫描所需检测标记数量极为庞大。据估计,若保证对绝大部分重要的基因均实现作图,玉米地方品种群体则需 750000 个,优良玉米自交系群体的 LD 衰减速度慢,约需 50000 个,基因组较小且 LD 衰减速度较慢的拟南芥约需 2000 个标记。因此,目前全基因组扫描方法仅应用于基因组信息丰度较高且标记易于获得的物种。LD 较高的物种或群体,应用较少的标记即可实现全基因组扫描。自花授粉的物种,经历瓶颈效应和强烈人工选择的群体仅包含所有群体中少部分的等位基因,故可利于用全基因组扫描法进行分析。在植物研究中,亦可采取此法对 F_2 代分离群体进行全基因组扫描。由于 F_2 代分离群体亲缘关系极高且 LD 水平很高,因此,应用少量标记即可实现对群体的全基因组扫描。另外,鉴于每个位点只有两个等位基因,统计分析等位基因的效应和等位基因之间的上位性比采用自然群体功效更高。

主效基因或质量性状基因对表型有决定性作用,有时这种基因单个碱基的差异亦可决定表型。因此,对可能影响表型性状的基因组部分区段进行关联分析即可定位目的基因,这种基于候选基因的关联分析策略不需要进行过多的基因型分析。应用全基因组扫描方式研究 LD 衰减速度快的物种时,标记与 QTL 处于 LD 状态的概率较低,定位目标基因的难度很大,候选基因法对这类物种是一个不错的选择。此外,利用候选基因关联分析可鉴定位于该区段中影响表型的多态性,并可估计其效应,从而验证特定基因的等位变异是否控制目标性状,挖掘优异的等位基因。

候选基因法所需标记数量较少且成本较低,可用于鉴定目的基因功能,在植物遗传学研究中很受欢迎。为了提高候选基因关联分析的目的性和效率,选择候选基因时可参考基因组测序、比较基因组学、转录组学、QTL 和反向遗传学研究所提供的信息,关键生理生化途径中的重要功能基因、前期 QTL 研究定位区域所含的基因和近缘物种研究表明,效应较大的同源基因特别有效。

4. 图位克隆法

目前,基因的分离有两种策略:从基因到表型的反向遗传学策略和从表型到基因的正向遗传学(forward genetics)策略。正向遗传学采用图位克隆(map-based cloning,MBC)策略,这是一种通过研究突变表型的遗传、物理图谱来确定突变基因的经典遗传学方法。随着各种分子标记的不断开发、分子标记图谱的相继建立,正向遗传学策略逐渐成为一种新型的基因克隆技术。

图位克隆又称定位克隆(positional cloning,PC),1986 年首先由英国剑桥大学的艾伦·库尔森(Alan Coulson)提出。目前,图位克隆法已逐渐成为分离表达产物和调控特性未知基因的重要方法之一。图位克隆法的优点在于不需要预先知道基因的功能和表达产物等信息,其简单易行的特点受到许多生物技术研究者青睐。基于功能基因在基因组中都有固定位点这一前提,图位克隆法可以利用分子标记对目标基因进行精细定位,再用与目标基因紧密连锁的分子标记为探针筛选含有大插入片段的基因组文库(BAC、YAC、TAC 或 Cosmid 等),构建出目标基因区域的重叠群,并通过染色体步行(chromosome walking,CW)或染色体登陆(chromosome landing,CL)获得含有目标基因的克隆和亚克隆片段,再经由候选基因功能验证获得目标基因。

实际上,在 20 世纪 90 年代中期就开始了几个 MBC 计划,已经在部分谷类作物中分离了一些与疾病抗性或其他性状有关的基因或 QTL。许多例子与长期效应(长达 10 年)有关,此外还涉及资源的利用率、基因和 QTL 在基因组中的定位等相关内容。得益于资源利用率和近期专家在谷物基因组学研究中的进展,该技术可以更快、更容易地对基因和 QTL 进行分离。

图位克隆也有其自身的局限性,在某些情况下,就很难或者不能通过图位克隆技术来定位基因。实际上,在自然发生的变异中,我们最有可能遇到的复杂情况是一个给定的性状由不止一个基因位点控制。例如,拟南芥的粉状霉菌抗性基因至少涉及三个遗传位点,它们是以加性效应的方式起作用。对这些抗性基因中的任何一个作精细定位都要求降低作图群体的遗传复杂性,例如通过创造只有一个位点来保持多态性的重组近交系。在拟南芥的株系之间杂交时,很多种性状由一个或多个遗传位点控制,包括开花时间、种子大小、冬眠、生理节律、次生代谢以及表皮毛的密度等。无论何时,当影响这些性状的自然或者诱导突变被定位的时候,第二位点修饰成分会干扰这些分析。表观遗传突变是图位克隆技术面临的又一个复杂问题。

关于染色体上位点的物理和遗传距离的比值是变化的，通常这种变化是比较小的，对作图的分辨率也只有较小的影响。但是，有证据表明有些染色体区域是例外的。例如，对 GURKE 基因的图位克隆就非常困难，这个基因的定位接近于第一条染色体的着丝粒，在着丝粒附近重组是严格限制的，使得对它精细定位的努力很难奏效。而且，在这个区域中重复 DNA 单元的广泛分布会干扰基因的定位分析。对这条染色体的全序列而言，1%重组的遗传距离相当于 100~400kbp 的物理距离，平均是 250kbp。然而着丝粒区域是一个显著的例外，在这里 1%重组的遗传距离相当于 1000~2500kbp。需要指出的是，在现存的物理图谱中，拟南芥的五个着丝粒没有一个被完全覆盖。对着丝粒区域的分析显示，这些区域通常包含重复的 DNA，且几乎不含表达的基因。除了着丝粒，第二条染色体的一个小片段上 1%重组的遗传距离相当于 1000kbp，甚至更多。根据推测，观察到的低重组率现象可能是由于被用于作图分析的株系 DNA 序列的重排。第二和第四条染色体的 DNA 序列的比较显示，有些基因片段是在这两条染色体之间被复制的（其中一个片段的大小是 4.6Mbp），同时还有一个从线粒体基因组向第二条染色体转移的 DNA 片段。这些发现清楚地证明，拟南芥基因组的结构是可以不断改变的。因此，不同株系之间的遗传变异可能不仅仅是由点突变和 DNA 重排导致的，这就从根本上给图位克隆造成了严重的问题。举例来说，如果在两个株系之间发生倒转的一个大约 500kbp 的序列被用于形成一个作图群体，那么所有发生在这个倒转内的重组事件将产生不育的减数分裂产物。因此，不可能在这个倒转序列内对突变进行作图。到目前为止，发生在常见株系间的 DNA 重排还没有报道，因为它们很难被检测到。在一个作图实验中，DNA 重排很有可能被忽视。有时候，T-DNA 插入和辐射导致的 DNA 重排也可以被观察到。当作图的突变是由这些方法产生时，便会出现类似的情况。但在这些情况下，突变与重排的一个或两个断裂点有关也是有一定可能性的。

随着表达序列标签（EST）计划、基因组计划的启动，以及生物信息学的迅猛发展，产生了一种新的基因克隆方法——电子图位克隆（in silico map-based cloning）技术。该方法是一项基于 EST 的快速克隆基因新技术，借助计算机的强大运算能力，利用生物信息学技术组装、延伸 EST 或基因组序列，获得基因的部分乃至全长 cDNA，并通过反转录聚和酶链式反应（reverse transcriptase polymerase chain reaction，RT-PCR）进行克隆的分析及验证。与传统克隆方法相比，它具有速度快、投入低、针对性强的特点。

为了加速实现对目标基因的分离，除电子图位克隆外，候选基因策略（candidate-gene strategy）在图位克隆与重要农艺性状相关的 QTL 基因时被频繁采用。将复杂的 QTL 分解成简单的孟德尔遗传性状，是精确定位乃至克隆 QTL 基因的重要前提。一旦将控制目标性状的 QTL 确定为单个孟德尔遗传因子，即可采用与分离孟德尔性状位点（Mendelian trait loci，MTL）基因类似的途径进行克隆。目前，小基因组作物中成功实现图位克隆的 QTL 基因已不胜枚举，但在大基因组作物中仍鲜见。这是因为相比于小基因组作物，大基因组作物难以获得高质量的参考基因组，其数量更多的测序片段在组装成完整基因组时存在很大的困难，导致其基因组测序难度大为增加。

比较基因组学的发展不仅为 MTL 基因的分离提供了便利，也为 QTL 基因的分离提供了新思路。基于序列的比较研究，玉米中与驯化相关的控制籽粒形成和进化的 tga1 基因被成功克隆。QTL 的孟德尔遗传特性取决于特殊遗传背景的群体和恰当的试验方案，比较基因组学为 QTL 基因分离前构建适宜背景的遗传群体、确定恰当的试验方案等关键环节提供了弄清背景遗传信息的分析手段。图位克隆法在植物 QTL 基因克隆方面取得的成功使其成为 QTL 基因克隆的主流。在缺乏相应突变体材料时，图位克隆也是植物 QTL 基因分离的唯一途径。对已克隆或精细定位的 QTL 的分析发现，它们的真实位置十分接近于初定位时 LOD 峰值对应的染色体位置。因此，可以直接利用初定位时 LOD 峰值等信息进行 QTL 图位克隆。对于那些精细定位比较困难、效应较小且对环境敏感的 QTL，采用这种策略可以极大地缩短 QTL 图位克隆的时间。

由于可用的信息资源有限，图位克隆技术在大基因组作物的基因分离中仍存在挑战，因此，要使图位克隆技术得到普遍应用，还有待于更多相关资源的发掘和完善。目前，随着结构基因组学和功能基因组学的深入发展，已开发出可以快速实现大基因组作物物理作图的 Elephant 软件，以及适用于跨基因组图位克隆 (cross-genome map-based cloning, CGMBC) QTL 的基于保守直向同源位点 (conserved orthologous set, COS) 的 COS 标记软件。特别是近年来发展起来的高通量新一代测序技术，给解决大基因组作物全基因组测序的难题带来了希望，预示着图位克隆在大基因组作物中的应用将成为现实。新资源的不断涌现不仅有助于简化大基因组作物重要农艺性状基因精细定位和物理图谱构建工作，还有助于加速基因分离，也使图位克隆在大基因组作物中的应用前景更加广阔。相信随着相关研究的深入，在不久的将来，作为基因分离有效途径的图位克隆技术会在更多大基因组作物新基因/QTL 的分离中取得成功。

5. 序列数据和基因

功能基因组学包括对基因自身功能的鉴定，或者是那些衍生自一个与改善表型不同的已知等位基因的鉴定。对于后者而言，研究的目标是去鉴定改良表型的序列变化，如一个序列变化可能成为分子标记（特异针对等位基因）的基础。

目前，已经有一些技术可以同时用于大量基因中 mRNA 丰度预测，如基因表达系列分析 (serial analysis of gene expression, SAGE)、大规模平行测序 (massively parallel signature sequencing, MPSS)、微阵列 (microarrays) 和宏阵列 (macroarrays)。相对于其他平台，阵列技术因在成本和高通量方面的优势而被广泛用于谷类作物分析。目前，GeneChip 阵列、全长 cDNA 阵列和全基因组覆瓦式微阵列已用于水稻基因组分析，Affymetrix 公司已经开发出麦类作物的 GeneChip 阵列。

近年来阵列技术已经用于谷类作物如玉米、水稻、小麦、大麦和高粱的育种研究，包括作物的基础生理学、发育过程、环境应激反应、突变鉴别和基因分型等内容。例如，学者 Potokina 等采用具有 6 个麦芽制造品质参数的 10 个大麦基因型以及具有 1400 个单一基因的 cDNA 阵列，为 6 个制麦参数分别鉴定了 17~30 个候选基因，包括半胱氨酸蛋白水解酶和 70kDa 热休克蛋白基因等。

玉米、小麦和水稻等主要谷类作物已在全球被广泛种植栽培，而许多"次要"谷类作物如高粱、珍珠小米、小米和衣索匹亚画眉草（*Eragrostis tef*）属于地域性作物，在发展中国家的许多地区作为当地重要的经济作物和食物来源。由于经济价值相对较低，稀有谷类作物的种植栽培没有受到足够的重视，开展的研究相对较少。利用谷类作物基因组的线性相关性进行比较基因组学研究，可为那些"次要"的谷类作物研究提供一个机会，从模式作物、主要作物到次要的、稀有作物的信息传递，可能会让农作物在产品、产量稳定性和食品安全性方面产生意想不到的效果。因此，模式谷类作物品种（如水稻、玉米和小麦）具有极大的潜能，可以为改善其他稀有和次要作物的性状做出贡献。此外，基于各自的遗传特性，对次要和稀有农作物的基因组学的研究也能促进主要农作物的改良。例如，从珍珠小米中发现耐旱的等位基因用于小麦和水稻等主要作物的遗传改良。所以，应该对全体谷类作物开展广泛的研究，为贫困地区的收入和就业做贡献。

随着经济、市场和气候条件的改变，作物改良所面对的主要挑战之一是如何及时地按人们所期望的方式来控制和操作可利用的遗传变异。在芸苔属作物中，包括收获指数和产量在内的许多重要农艺性状的遗传变异广泛存在，这些遗传变异可以使人们在不断改变的气候中适时收获作物，提高作物品质，并通过增加与人类健康和营养相关的附加值来增加潜能，而对于可再生的非食物性状也是如此。然而，基因组调控网络和相关代谢途径的研究现已不能满足对芸苔属作物农艺性状的遗传分析，这与芸苔属基因组结构复杂（包括染色体片段的二倍体化、片段重复、遗传多样性和异源多倍体的复杂性等）有部分因果关系。不过，由于芸苔属与拟南芥亲缘较近，人们越来越有可能确认相关基因位点的特异性拷贝数，以研究在驯化群体和自然群体中等位基因的互作。多国合作展开的芸苔属基因组计划包括了构建标准遗传图谱、创建作图群体和开发 SSR 标记、研究甘蓝基因组序列等工作，该计划倡导了公共资源的协调利用、信息的开放和交流。2007 年，油菜的"Affymetrix GeneChip"基因芯片系统问世。研究等位基因变异的工具，包括"固定的基础变异群体"及 MBGP TILLING 合作组，已应用于芸苔属遗传资源研究。此外，如 RNAi 一类的功能基因学方法和高通量的代谢扫描等技术，也都将在很大程度上满足未来对等位基因变异研究的需要。

近年来，模式作物拟南芥和水稻已完成全基因组序列测定，并有大量的植物

EST 可以应用,多种主要作物的测序计划正在进行中。将基因组学研究中获得的新知识与传统育种方法相结合可促进作物改良,通过发现新的遗传变异,采用改进的选择鉴定技术,进行多位点优异等位基因重组,选择性状改良的优异基因型,育出新的优良品种。基因组学研究对作物改良的作用可以体现在两个方面:一是通过对生物学机制的深入了解,获得能更有效选择优异基因型的筛选方法;二是新知识有助于制定更有效的育种策略。

作物改良中应用遗传学和功能基因组学的一大挑战是对目标性状基因的鉴定。DNA 芯片已成功应用于多种植物以研究基本的生理、发育进程和环境胁迫的响应,以鉴定突变体基因型。但这些技术在植物育种中的应用却受到了限制,这是因为除近等基因系外,基因差异表达不仅由目的基因引起,还受遗传背景中存在的变异的影响。因此,要建立基因表达水平和特定性状的功能关系,就必须清除背景效应。功能关联分析策略可以将功能基因组学和植物育种有效地联系起来。然而,该途径也存在严重的技术性局限,包括:①由搭便车效应(hitchhiking effect)和基因表达方式的低遗传力,以及基因互作引起的基因假阳性信号;②群体样本过小;③由于 QTL 的关联标记有限导致 QTL 定位的分辨率相对较低。而且,编码转录因子和所有生活细胞中持家蛋白的基因能够控制或影响很多生物学过程,并且很多转录因子本身在转录水平上受到调节。一般来说,植物中转录因子具有细胞或组织特异性,在发育过程中瞬时表达,且表达水平较低。因此,很多转录因子基因的转录产物难以探测,也难以用 DNA 阵列技术定量。然而,2004 年 Czechowski 等开发的一种基于实时 RT-PCR 的方法为定量测定转录因子基因的转录产物带来了希望,用这种技术检测转录产物的灵敏度比 DNA 阵列至少高 100 多倍。基于微阵列分析的两个遗传背景不同的品种之间基因表达资料,可用于开发功能标记,也用于高度平行方式 SNP 探测中的单特征多态性(single feature polymorphism,SFP)鉴定。曾有研究者利用 DNA 芯片技术在两个大麦基因型中鉴定出了 10000 个以上的 SNP。然而,SFP 鉴定的敏感性和选择性是需要考虑的问题。在有多个基因组的多倍体作物(如小麦)中开发 SNP 标记就更为复杂,需要将品种间多态性从基因组多态性(基因组 A、B 和 D 之间的差异)中区分开来。利用不同的微阵列平台研究同样的 RNA 样品,或同样的微阵列基因表达资料用不同的生物信息学工具来分析,对于一个特定性状,不一定能够鉴定出同样一组表达基因。这些重现性较差的研究提示我们,当目标是获得候选基因名单时,对功能基因组的研究分析必须加以注意。

2001 年,学者 Jansen 和 Nap 建议利用基因表达数据进行 QTL 分析,通过分析分离群体中基因或基因簇的表达水平,可以对表达方式的遗传模式作图。eQTL 作图可以使一种特定 mRNA、cDNA、蛋白质或代谢物表达谱的多因子解析,能够从其所受影响的遗传组分上展开,并且可以将遗传组分定位到遗传图谱上。对分离群体中每个基因或基因产物的 eQTL 分析,可以鉴定基因组中影响其表达的基因组区域。而且，对于完成全基因组测序的植物种类，这些基因组区域的解析将有助于有关基因及其相关调控序列的鉴定。2003 年，学者 Schadt 等将玉米 mRNA 的丰度作为数量性状进行 eQTL 作图，从两个不同自交系果穗叶组织中鉴定出了差异表达的 18805 个基因（显著水平为 0.05），来自该两个自交系后代 76 个 F_2 单株组成的群体中，6481 个基因的表达模式至少与一个 QTL 相关（LOD $\geqslant$ 3.0）。研究中的大多数基因具有 1 个 eQTL，并且当基因位点已知时，80%以上 LOD $\geqslant$ 7 的 eQTL 与该位点定位在一起。与上位性类似的基因与基因间互作也有报道，而互作 eQTL 有时可能位于不同染色体上。2005 年，学者 Wright 等在关于人工选择对玉米基因组效应的研究中也证明，在控制玉米及其近缘野生种象草（tesonite）表型差异的 QTL 附近，可能聚集了一些与植株生长相关的功能候选基因。因此，候选基因与控制特殊表型的 QTL 共定位支持了候选基因可以作为开发完美标记的潜在资源，有利于在标记辅助育种中对表型的选择。

6. 高代回交 QTL 分析

很多有益性状从近缘野生种转移到了作物中，大多数性状由对不同病害具有抗性的单基因或基因簇控制。1996 年，学者 Tanksley 和 Nelson 针对从野生种向作物中转移重要农艺性状 QTL，提出了一种称为"高代回交 QTL（advanced backcross QTL，AB-QTL）分析"的途径。这种方法中，野生种与优良品种回交，并对驯化性状加以选择，其后在 BC_2F_2 或 BC_2F_3 分离群体中对目标性状进行评价，利用多态性分子标记进行基因型分析。这些资料再用于 QTL 分析，这样在转移 QTL 到环境适应的遗传背景过程中，也对 QTL 进行了鉴定。在很多作物中对 AB-QTL 进行了评价，以测定来自野生或不适应种质的 QTL 是否具有提高产量的潜力。然而，野生种的染色体片段掩盖了鉴定出的特定渗入等位基因有益效应的幅度，因此产量促进型 QTL 对表型并没有实质性的贡献，并且获得的最好品系也不如商业化品种。在番茄中，通过对独立产量促进型的染色体片段聚合，获得了一个在正常和胁迫条件下生产力都有提高的新品种。但问题是，只有投入大量经费进行遗传作图后，才可以了解野生资源能否提供有价值的 QTL。AB-QTL 的另一大局限是，在有选择的回交群体中，维持一个能不损失有用等位基因、能进行精确 QTL 作图且大小合适的群体比较困难。

自从 Tanksley 等提出 AB-QTL 分析法以来，已有一些 AB-QTL 分析法应用成功的报道。Tanksley 用一个加工番茄的近缘野生种 LA1589（*L. pimpinellipolium*）作为供体亲本与番茄自交系 E6203 杂交，获得高代回交群体。通过对 21 个农艺性状的考察，共定位了 88 个 QTL。为了验证这些 QTL 的真实性，进一步构建了影响果实特征的 QTL（*fs8.1、fs1.2* 和 *fs9.1*）近等基因系。结果表明，这些 QTL-NIL 在分析性状上都优于轮回亲本，从而证实了 QTL 存在的真实性。学者 Bernacchi 等又用另一个野生种（*L. hirsutum*）做了同样的试验，考察了 19 个性状，定位了 121

个 QTL，并对上述两个群体中定位的 QTL 构建了近等基因系，进一步证实了利用 AB-QTL 分析法定位到的 QTL 是真实存在的。

学者 Xiao 利用 AB-QTL 分析法成功地检测了水稻野生种中的高产 QTL，利用马来西亚的普通野生稻（IRGC105491）与 V20A 杂交，所得 F_1 与 V20B 回交构建高代回交群体，对其产量和产量构成因素进行 QTL 分析。结果表明，在水稻的第 1 和第 2 染色体上各检测到一个 QTL，其加性效应分别为 18%和 17%。此外，学者杨益善等将野生稻高产 QTL 导入恢复系测 64-7，育成新的优良恢复系远恢 611。他们的研究表明，野生稻高产 QTL 在新恢复系远恢 611 及其系列组合中得到了较好的表达，具有显著的增产效果和重要的育种价值。这些研究结果，一方面说明 AB-QTL 分析法检测野生种质中有利基因具有可行性，另一方面也说明野生稻中确实存在一些优良基因可用于改良生产上推广的品种，并证明 AB-QTL 分析法在品种改良中是切实可行的。

在利用远源或亚远源种质的有利基因时，与常规 QTL 分析方法相比，AB-QTL 分析法具有如下优点：一是减少工作量和盲目性，在 BC_1 和 BC_2 代进行表型选择时，可以减少或去除一些可能在 BC_2F_1 家系中影响田间性状或品质性状的不良 QTL，如不育、落粒等；二是有利于上位性互作效应 QTL 的检测，因为高代回交群体的基因组比率偏向于受体亲本，所以在这类群体中检测到具上位性互作效应 QTL 的概率小，这些具加性效应的 QTL 转到以轮回亲本为遗传背景的近等基因系中后会继续表达；三是有利于微效性 QTL 的检测，由于高代回交群体的性状平均表现偏向于优良亲本，一些微效性 QTL 很容易检测到；四是可明显缩短育种年限，AB-QTL 分析法将 QTL 检测和品种选育紧密结合起来，在 QTL 检测完后，一般只需 1 代即可获得 QTL 近等基因系，而用常规 QTL 分析法则需 5 年以上。

7. 等位基因发掘或 EcoTILLING

作物遗传育种专家在设计育种策略之前，必须做的一项工作就是了解主要资源中感兴趣的基因及其所有等位基因的相对价值。对于一个完全测序的基因，可以通过"等位基因发掘"（allele mining）来收集有关信息。根据定向诱导基因组局部突变（targeting induced local lesions in genome，TILLING）开发的一种策略，称为 EcoTILLING，用于探测资源多态性的多种类型。EcoTILLING 技术不同于 TILLING 技术之处在于，EcoTILLING 是检测自然群体中等位基因的多态性，而 TILLING 技术是检测化学诱变剂诱发的等位基因多态性。EcoTILLING 技术还可以高效地检测 SNP、小片段插入和缺失、微卫星重复数变异等。EcoTILLING 技术继承了 TILLING 技术高通量、低成本、可自动化操作、灵敏度高和能有效排除假阳性等优点，可用于鉴定种质之间一个位点上的等位基因，发现 SNP 和单体型。该方法的成本只有 SNP 和单体型测定的几分之一，后两种方法都需要大规模测序。通过对大量资源 EcoTILLING 鉴定后获得的单体型可以分组，只需对特定单体型测序确证即可。即使已有的植物生长发育重要过程基因的变异体还未经过遗传学研究观察，通过 EcoTILLING 技术仍可获得这些基因的一系列等位基因。设计 EcoTILLING 引物需要获取关于结构、调节或表型表达候选基因的大量信息，也需要筛选距基因很远的调节区域，这说明选择候选序列进行 EcoTILLING 是一项艰巨任务。鉴定出所有等位基因以后，还必须将结果置于适合的遗传背景下，在目标环境中评价其相对价值。这些分析有助于设计优于在自然条件下发现的复合等位基因。

EcoTILLING 技术适合于生物遗传多样性和系统进化的高通量研究，其原理是利用单核苷酸错配碱基酶 CEL I 来识别并切断错配碱基，之后通过电泳分离被剪切片段，达到对突变体的检测。虽然 EcoTILLING 技术错误率很低，但并不能通过这项技术发现所有的变异。EcoTILLING 技术在单体型分型中可能会出现一种错误：当两种单体型相互之间都与标准的 DNA 仅在同一位点存在单个碱基的差异时，将会形成相同的电泳图谱，并错误地将不同的单体型划分为相同的单体型。当然，出现这种错误的概率很低。尽管 EcoTILLING 技术利用 CEL I 酶切的方法可以高效地检测两个单体型间的多态性，但是当两个单体型间的多态性非常高时，准确性将会降低。目前 CEL I 的价格还很昂贵，这限制了 EcoTILLING 技术的广泛应用。

利用 EcoTILLING 技术检测到的 SNP 可作为 QTL 分析的遗传标记。用 EcoTILLING 技术检测获得的单体型数据可与连锁不平衡结合起来，用于自然群体中 QTL 作图分析。利用 EcoTILLING 技术可以在自然群体中发现有经济价值的 QTL，克服在基因组中寻找 QTL 时作图精度不高的障碍。标记密度的提高，使我们可以更精确地进行分子标记辅助选择，这也是全基因组的关联分析和群体进化研究所必需的。

EcoTILLING 是反向遗传学中的重要工具，可用于任何物种的诱变或自然群体的基因多样性分析。诚然，至今还没有一种反向遗传学方法可以适合于所有的研究目的，但 EcoTILLING 技术弥补了其他技术的一些缺点，如它所检测的错义突变是阐述复杂基因功能及基因互作所必不可少的。另外，通过检测非编码区内的保守序列区，它还有助于研究调节区域。尽管随着测序技术或新的突变检测技术的发展，EcoTILLING 技术可能被其他技术取代，但在当今，EcoTILLING 技术仍然是许多物种高通量反向遗传学研究的理想选择。2012 年，由刘坤祥提出的 TPSeq(targeted parallel sequencing) 方法可同时证实多个突变，可能取代 EcoTILLING。

4.4.3 经济动物基因组及遗传改良

山羊(domestic goat)，学名 *Capra hircus*，在世界范围内被广泛饲养，尤其是在中国、印度和其他发展中国家。自从有人类文明以来,山羊在农业、经济、文化甚至宗教方面扮演了重要角色。联合国粮食及农业组织报道,目前全世界大约有1000多个山羊品种。除了作为驯化动物养殖外,山羊也作为动物模型研究复杂性状的遗传基础和转基因肽产物。虽然山羊在农业和生物上具有重要性,但由于缺少其基因组参考序列,严重阻碍了其育种和遗传研究。

中国科学院昆明动物所和深圳华大基因研究院的研究人员采用 Illumina 公司的下一代测序技术和全基因组酶切图谱技术,获得了山羊基因组序列,接下来对基因做了注释,确认了快速进化的基因。山羊基因组是第一个用全基因组图谱技术测序和 de novo 组装的大基因组。山羊基因组序列有助于以后更多的山羊品种的重测序,确定育种相关的 SNP 位点。山羊是第一个被测序的小型反刍动物,山羊基因组有助于理解反刍动物和非反刍动物基因组差异,有助于提升山羊在生物医学模型和生物反应器方面的利用。羊绒相关基因可以作为绒山羊育种的分子标记,或者作为遗传或非遗传操作的潜在靶标。

开展山羊遗传资源评价与创新利用研究,利用分子生物学技术加快对地方良种羊的高繁、生长、肌肉品质、脂肪沉积、饲料利用、抗病、抗逆等重要性状的特色新基因发掘。结合我国肉羊、细毛羊和绒山羊育种情况,尽快协调成立相应的全国羊育种协作组,制定出全国的羊种质资源利用方案和遗传改良计划,指导不同类型、不同地域的羊育种工作。利用国内和国外两种资源,创制优质、高效、特色绵、山羊新种质,加强对羊育种工作的统筹协调,提高育种工作效率。

多年来,我国特种经济动物遗传资源保存分散、规模小、易丢失,保存和整理不规范,缺少系统全面的评价体系,数字化管理水平较低,创新利用率低。由中国农业科学院特产研究所建立的特种经济动物基因库,解决了我国特种经济动物遗传资源面临的诸多问题。由中国农业科学院特产研究所杨福合研究员领衔的科研团队,对我国特种经济动物种质资源进行整理,整合了我国农业、林业、教学科研三大领域的特种经济动物种质资源,涵盖鹿类、毛皮、特禽及其他特种经济动物种质资源509个品种(类型),保存在69家特种经济动物资源单位的保存场、专业实验室,建成了目前世界上最大的特种经济动物基因库。随着特种经济动物基因资源的开发利用,为特种经济动物饲养业发展源源不断地提供了大批新品种。据统计,约60%培育成功的主推品种采用了本基因库的育种素材。可以预见,伴随着基因挖掘、创制以及生物技术的发展,必将有越来越多的优良品种不断出现,也必将改变世界特种经济动物饲养业格局,从根本上扭转我国大宗特种经济动物产品长期依赖进口的不利局面。

中国科学院海洋研究所、深圳华大基因研究院等单位合作,利用新一代测序技术和全新的组装策略,构建了牡蛎全基因组序列图谱。牡蛎基因组含有大量重复序列,并具有高度多态性,使得全基因组鸟枪法不适用于牡蛎基因组测序,因此华大基因研究院的技术人员利用"分而治之"的思想,成功研发出一套基于短序列、针对高杂合、高重复基因组的 Fosmid-pooling 策略，基于这套策略，牡蛎基因组最终得以成功解读。

2004 年，西南大学联合中国科学院北京基因组研究所在世界上率先绘制完成了家蚕基因组框架图，这是由中国独立完成的家蚕 6X 基因组测序。家蚕基因组生物学国家重点实验室建立了世界上最大的家蚕表达序列标签数据库，发现了与家蚕性别决定、发育和变态、激素调节以及抗性等密切相关的关键功能基因群，并在家蚕基因组结构特征、基因的组织、进化和比较基因组学方面获得了一批具有重要价值的理论成果。

近年来，受到国外品种的冲击，我国优良地方品种猪数量不断下滑，品种资源流失严重。2012 年，四川农业大学的研究人员对一头雌性藏猪进行了 131 倍的从头测序及序列组装，同时对来自 6 个主要分布地的 30 头藏猪和 18 头家猪进行了全基因组重测序，通过比较同源基因构建系统进化树发现，藏猪与家猪的祖先可能早在 690 万年前就开始向不同方向进化，稍早于牦牛和家牛（490 万年前），和人类与黑猩猩祖先的进化分歧时间（500 万～700 万年）较为接近。美国已在猪基因组连锁图谱上构建了近 3000 个标记，大多数是微卫星标记，而不是功能基因。

在猪育种实践中分子标记辅助选择也为限性性状提供了新的选择途径，如可以在仔猪出生后对公母猪同时检测雌激素受体（estrogen receptor，*ESR*）基因、促卵泡激素 β 亚基（follicle-stimulating hormone β，*FSH-β*）基因等进行早期选择，可大大提高猪产仔数选择效率，降低种猪培育成本；对 *RN* 基因（又称酸肉基因）的检测，可以直接用于种猪活体肉质选择。1996 年，学者 Rothschild 报道，在猪 1 号染色体上的 *ESR* 基因与梅山猪合成系和大白猪产仔数有关，携带优势基因（*BB* 和 *BA*）的个体与其他个体（*AA*）母猪相比，平均每窝多产仔 0.5 头，同时 *ESR* 基因对其他主要经济性能没有显著影响。圭尔夫大学（University of Guelph）开展了长白猪抗病基因研究，目前已发现与猪疾病有关的基因有猪应激综合征 *RYR1* 基因、*E. coli* F4 受体基因、*SLA* 基因等。利用这些基因或标记进行抗病力选择，可以降低和淘汰群体中对疾病敏感的基因，从具有抗病力的品系中导入抗性基因等。

4.5 农业信息管理

19 世纪 20 年代，瓦维洛夫在收集大量种质资源的基础上，提出"作物起源中心学说"和"性状平行变异规律"等理论，奠定了种质资源研究的基础。种质资源研究涉及多门学科，特别是近年来生物组学对其产生了深远影响。如基因型分型技术可用于作物种质资源保护等基础性工作，还广泛应用于遗传多样性分析、新基因发掘和种质创新等多个方面。随着分子标记技术和第二代基因测序技术的快速发展，许多作物的基因组序列数据将会成为公共信息资源，基因组学理论和方法会逐步渗透到种质资源研究的各个层面，使种质资源保护和创新利用发生变革，从研究思路和方法学上发生彻底的变化。基因组学研究成果为种质资源的有效收集和保护提供了理论指导，也为阐明作物起源和演化、全面评估种质资源结构多样性提供了核心理论和技术，同时大幅度提高了基因发掘和种质创新效率。

4.5.1 作物品种资源数据库

种质资源是作物遗传改良和相关基础研究的物质基础。拥有的作物种质资源的数量和质量，以及种质资源研究和创新的深度和广度，将直接影响种质资源利用效率和现代种业的可持续发展。因此，种质资源保护和利用已成为世界各国农业科技创新驱动战略的重要组成部分。

基因组学的发展对作物种质资源研究思路、技术路线、研究方法等产生了革命性的影响，种质资源研究进入了一个新的历史发展阶段。特别是分子标记和测序技术的广泛应用，使种质资源的全基因组水平的基因型鉴定成为可能，并使种质资源的结构多样性和功能多样性研究能愈加深入，这对阐释作物起源、进化和传播、有效保护种质资源、发掘新基因和高效种质创新将起到重要的推动作用。

在谷类基因组中，水稻的基因组最小，因此它被列为全基因组测序的首选目标。目前，已经获得了水稻的四个草图和全基因组的完整序列。水稻基因组完整的序列，来自3401个P1派生人工染色体(P1-derived artificial chromosome，PAC)和细菌人工染色体(bacterial artificial chromosome，BAC)克隆。包括那些与转座因子(transposable element，TE)有关的基因，完成的序列预计总数为55296个基因，如果不包括与转座因子有关的基因，则为37544个基因。

与水稻不同，其他的谷类基因组更大也更为复杂。虽然谷类基因组的测序工作强度大，但是在过去几年间，已经对一些谷类的基因组序列或基因间隔区域进行了研究。例如，已经完成了对玉米和高粱的全基因组测序。除了采用传统的方法获得基因组序列数据，也采用其他方法进行测试，如甲基化过滤和高Cot分析策略，集中对基因组中基因丰富区域开展研究。2018年，世界上首个六倍体小麦基因组图谱由国际小麦基因组测序联盟(International Wheat Genome Sequencing Consortium，IWGSC)成员协作完成。

4.5.2 动物遗传资源数据库

动物资源既能为人类所需优良蛋白质提供来源，还能为人类提供皮毛、畜力、纤维素和特种药品，在人类生活、工业、农业和医药上具有广泛的用途。中国畜牧业有着悠久的历史，主要畜禽品种和产品已成为人们必需的生产和生活资料。由于多样化的地理、生态、气候条件，以及众多的民族和各民族间不同的生活习惯,再加之长期以来广大劳动者的驯养和精心选育,我国形成了丰富多彩的畜禽品种资源。

从 20 世纪 50 年代开始,我国就着手畜禽品种资源调查。1976 年,农业部门牵头组织全国多个部门开展了一次较大规模的畜禽品种资源调查,历时九载,基本摸清了全国大部分地区的品种资源状况,并编纂出版了《中国猪品种志》《中国牛品种志》《中国羊品种志》《中国家禽品种志》《中国马驴品种志》等。1995 年,农业部门又对中国西南部、西北部的偏远地区进行了一次为期 4 年的畜禽资源补充调查,发现了 79 个新遗传资源群体。

尽管我国对动物及畜禽资源开展了调查,并编成了品种志,但对于绝大多数从事农业活动的人员而言,亲自阅读这些书籍的机会很少。而在互联网如此发达的今天,获取信息已变得十分便利,通过建立遗传资源数据库,面向终端用户免费公开信息,将极大地提升遗传资源数据的使用价值,充分发挥其在农业生产上的作用。我们应积极地利用这些遗传资源信息,使其能创造财富,吸引更多的人来了解并使用遗传资源,而不是将其作为档案资料存放在书库里,逐渐变成一堆无用的废纸。

4.5.3 农业有害生物数据库

生物防治技术自 20 世纪中期开始应用以来,已广泛应用于农林病虫草害的综合治理。然而,生物防治知识和技术在我国还远没有得到普及,其中一个不容忽视的原因就是缺乏完整方便的天敌信息检索系统。我国生物防治工作者在过去几十年中积累了大量的天敌基础信息,害虫综合防治作为农业生产的一项重要策略,在农业可持续发展中具有举足轻重的作用。近年来,针对我国害虫防治所存在的技术需求,科技部等部门先后通过国家重点基础研究发展计划(973 计划)、国家高技术研究发展计划(863 计划)、国家科技支撑计划和农业科研专项等对重要害虫防治研究立项支持。通过这些项目的实施,我国建成了一支由国家级、省部级科研单位和大学组成的专业科研队伍和研究平台,在害虫监测预警技术、基于生物多样性保护利用的生态调控技术、害虫生物防治技术、化学防治技术、抗虫转基因作物利用技术等方面的研究取得了一系列的重要进展,研究建立了棉花、水稻、玉米、小麦和蔬菜等作物重要害虫的综合防治技术体系,并在农业生产中发挥了重要作用。以基因工程和信息技术为代表的农业技术革命,推动了害虫综合防治的理论发展,为害虫综合防治技术的广泛应用提供了新机遇。

外来入侵物种对农业、林业以及养殖业也有很大的危害。建立外来入侵物种信息库,对于外来物种的生物学特性和危害性进行评价,帮助农业、林业以及养殖业的从业者认识外来入侵物种的危害性,了解防止外来物种入侵的措施或手段,可以在生产实践上减少不必要的经济损失。目前,许多国家都建立了外来入侵物种数据库,利用互联网的优势将外来有害物种的信息即时传输给需求者,从而促进外来物种入侵的防范。

GIS、GPS等信息技术和计算机网络技术的应用提高了对害虫种群监测和预警的能力和水平,转基因抗虫作物的商业化种植等技术的应用显著增强了对害虫种群的区域性调控效率。针对产业结构调整和全球气候变化所带来的害虫新问题,进一步发展有害生物综合治理(integrated pest management,IPM)新理论与新技术将成为我国农业昆虫学研究的重要方向之一。目前有中国农业信息网、中国农业病虫检测网、中国农业有害生物信息系统、农业害虫专家系统信息化平台等信息系统已经构建完成,提供给终端用户使用,在农业生产实践中逐渐发挥其作用。

4.6 智能化管理农场网络

4.6.1 智能化农业生产管理

智能化农业就是利用智能化信息技术,并结合设施、设备,指导农业预测和实施生产。它以农业专家系统为核心,是一种拥有高层次、多方面农业专家知识,并能模仿人类推理过程,在计算机或其他智能终端上以形象、直观的方式向使用者或政策制定者提供各种农业问题咨询服务的智能化农业设施。利用物联网技术对大田种植进行智能化管理,针对农业大田种植分布广、监测点多、布线和供电困难等特点,采用高精度土壤温度传感器和智能气象站,远程在线采集土壤墒情、酸碱度、养分和气象信息等,实现墒情(旱情)自动预报、灌溉用水量智能决策、远程或自动控制灌溉设备等功能,最终达到精耕细作、准确施肥、合理灌溉的目的。

目前,一些农业数字化管理系统已经开发出来,这些系统在兼顾生物多样性和环境的同时,利用更加先进的科技手段,对农作物的全生命周期展开数字化的管理,最终实现可持续的、资源节约的农业生产,向精准农业的目标迈进。利用农业数字化管理系统,农民可以及时获取特定土块的信息,准确选择种植品种,确定最佳植保时机和方案。

农业资源是有限的资源。随着城市的扩展和交通基础设施的建设,耕地资源会不断减少,但地球上的人口却在不断增加。要解决这一难题,就必须改变传统的农业生产和管理方式,而农业数字化管理系统的运用就是为了解决这样的难题。

4.6.2 农产品物流信息管理

农产品物流最早出现于1901年,在美国政府的《农产品流通产业委员会报告》中,克罗威尔第一次论述了对农产品配送成本产生影响的各种因素和费用,由此开始了农产品物流的发展历程。1932年,克拉克和韦尔德在其所著的《农产品市场营销》中,对农产品营销的集中、运输、储存、融资、风险、标准化等职能进行了研究。欧美及其他国家,尤其是欧美国家大多是以大农场的形式进行生产,规模大而集中。农产品的物流过程由农场主个人完全承担,或者由农业合作社和农协等专门的物流组织来运作,而且农产品各物流环节呈现系统化,对实现应用要求比较高。

物流信息管理是指运用计划、组织、指挥、协调、控制等基本职能对物流信息搜集、检索、研究、报道、交流和提供服务的过程,并有效地运用人力、物力和财力等基本要素以期达到物流管理的总体目标的活动。在物流信息管理的早期主要是采用人工方式进行管理,随着物流供应链管理的不断发展,各种物流信息的复杂化使得各企业对物流信息化产生迫切的需求,而计算机网络技术的盛行又给物流信息化提供了技术支持,伴随着信息技术的发展出现了基于信息技术的物流信息系统。物流信息系统就是利用计算机技术和通信技术,对物流信息进行收集、整理、加工、存储、服务等工作的人机系统。企业的信息处理最初主要限于销售管理和采购(生产)管理,自20世纪60年代后半期以来,为适应市场竞争的激化、销售渠道的扩大和降低流通成本的需要,在物流信息系统化的同时,物流信息处理体系的完善也取得了很大的进步。特别是电子计算机和数据通信系统的进步,显著地提高了物流信息的处理能力。

中国农产品物流业虽得到快速发展,但与发达国家相比仍有很大差距,存在流通渠道狭窄、物流技术落后、信息不畅等问题。据统计,我国有约58%的批发市场不能提供供求信息和价格信息。我国果蔬类农产品在流通环节的耗损率高达25%~30%,而发达国家的耗损率低于5%,其中美国的耗损率仅有1%~2%。

目前,中国农产品物流主体组织化程度较低,呈现出多样化、多层次发展趋势。由于参与个体组织规模小、层次低、离散性强、联合性差,加上融资渠道不畅,加工信息能力不足,难以获得物流规模效益和实现供应链物流的一体化管理,最终导致我国农产品物流主体只能提供简单的运输、仓储和初加工服务,无法深入开展附加值较高的需求预测、精深加工、物流信息、成本控制和物流设施网络建设等增值服务。随着信息技术的迅猛发展,农业信息化越来越成为农业生产活动的基本资源和发展动力,尤其对于农产品物流来说,信息化建设是提高农产品流通效率的关键。因此,必须建立权威性的农产品信息网络,通过计算机与互联网连接农户、生产商、加工企业、批发商、零售商,形成现代的农产品供应链。

4.6.3 农产品信息回溯

伴随着我国经济社会的整体发展,越来越多的人民群众开始关注涉及民生的问题。在诸多问题之中,食品安全问题近来备受关注,成为各方关注的焦点。我国是人口大国、农业大国,在过去很长一段时间里,大多数人都以达到温饱为基本标准,并未十分在意食品安全问题。自2008年"三鹿奶粉事件"曝光之后,人们开始认识到食品安全问题的重要性,并越来越多地了解到诸多日常所食用的农产品在种植、加工、生产等各个环节所暴露出的诸多隐患。不仅仅有"苏丹红""地沟油"等违法、有毒食品,根据国务院发展研究中心的一份报告,每年有约50万中国人因过量农药中毒,其中致死人数可能超过500人。相关单位对我们日常所食用蔬菜水果的抽测结果表明,高达30%的蔬菜水果样品农药残留超标,严重危害广大消费者的身体健康。除去过量农药、化肥的影响,我国部分地区因环境污染、水质土壤与空气等环境因素亦不宜生产种植粮食蔬果,一些污染严重的地区所生产的果蔬产品不仅营养无法保证,而且很可能食用后会有副作用。

"溯源"一词,可以理解为追本溯源,就是探寻事物的根本、源头,最早是1997年欧盟为应对"疯牛病"问题而逐步建立并完善起来的食品安全管理制度。具体到农产品的质量溯源,我们一般将其分为"追踪"和"回溯"两方面内容。一方面,企业和政府可以密切跟踪农产品从种植到加工生产再到最终销售的每一个环节,掌握流通过程中的必需数据,把控每一步骤中产品的发展情况,根据数据信息做出下一步判断,同时当某一环节或某一批次的农产品质量出现异常,数据出现不达标现象时,可以通过多种渠道及时做出反应;另一方面,最终呈现在消费者面前的农产品亦可通过一定手段进行信息回溯,让消费者能够清晰地了解所购买农产品的生产流通全过程,实现质量溯源(图4-6)。

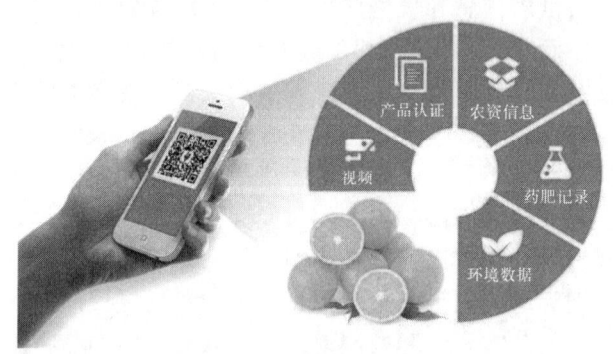

图4-6　农产品信息回溯

农业耕作是一项特殊、复杂、独立的工作,同时也是非常重要的工作,它关系到人类健康和整个生态循环。随着人们对食品安全意识的提高,不同层次的消费者对农产品的安全、健康、质量保障意识的需求不断增加。现今,基于国家检测标准的食品安全已经不能满足人们的需求;第三方食品安全认证也仅仅是流程的认证,无法时刻监督食品生产现场;消费者更为企业绑架市场的行为感到愤慨

(例如"三鹿奶粉事件");而在信用缺失的大环境下,对于社会的管控,人们同样没有信心。这一切都迫使人们想要寻求一种安全级别更高、能解决食品安全的方法。

4.7 结合中国国情,促进精细农业与大数据融合

我国幅员辽阔、人口众多,但土地资源分布不均,存在农业地域发展不平衡、农业种植和收割技术发展不平衡等问题。尽管宏观农业大数据平台层出不穷,但精细化农业大数据的发展和应用却没有预想那么快。由于初始投入成本太高、土地资源分布不均以及数据管理技术和方法不成熟等问题,我国大部分新型农业主体和农场主不愿意在精细化农业大数据方面做尝试。

在中国的新疆、东北、山东等地区,规模化农业生产已相对成熟,精准化农业也在逐渐开展。但在全国范围内,小规模的农业生产方式以及巨大的地域差距,再加之农民在生产管理上的顽固性,使得推广精准农业、做大数据分析依然举步维艰。做精准化的农业大数据,高投入是必然,但中国农民根本无法承受前期的高投入。目前,中国精准农业主要靠示范推动产业,地域性精准化有待提升,但也有一些显著成果。例如在新疆生产建设兵团,农业综合机械化水平已经达到93%以上,卫星导航、小型植保无人机、变量施肥、自动驾驶等技术的应用已得到推进。中国对于农业大数据的探索和挖掘还在起步阶段,地域化推进将会是关键。

卫星大数据将带来一场用有限的土地来喂饱超负荷人口的"绿色革命",将大大提高农业的生产效率,实现传统农业的彻底变革,助推现代农业新时代的到来。卫星通过探测和收集地表植物对电磁波的反射和植物自身发射的电磁波,经过处理转换成卫星影像,结合农作物的叶面指数、太阳光合有效辐射等指标,可以观察植物类别、长势、光合作用的强弱、土壤水分含量等。这些卫星影像数据的积累与既有农业知识的结合,将给农业精准化带来无限的想象空间。卫星大数据不仅具有可复制程度高、覆盖面积大、统计方便快捷等优点,而且其服务于万亩以上的大型农田的价格也远远低于传统技术,这大大降低了生产成本,提高了经济效益。

另外,基于卫星大数据的智能化农业机械也开始逐渐应用于农业生产。名叫"Prospero"的农业智能机器人,是一个会自动优化播种间距及深度的机器人。它可以在卫星导航系统、自动驾驶系统、计算机设备以及必要的传感器的帮助下,充分"理解"并准确地执行操作指令,助力农业的精准化和精细化发展。

如何使有效的卫星大数据价值最大化,以及如何通过其提供最好的数据服务,依然是充满挑战的问题。不过,在中国已经出现了如贵阳大数据交易所等从事数据分析处理和交易的专业机构,卫星大数据应用于农业指日可待。按照国务院印发的《促进大数据发展行动纲要》精神,农业部在2015年印发了《关于推进农业

农村大数据发展的实施意见》，在2016年印发了《农业农村大数据试点方案》，全面部署农业农村大数据发展工作。2019年，农业农村大数据共享取得了实质性的突破。

无论是农业大数据，还是精准农业的应用，都必须从中国实际情况出发，理智认清中国农业发展现状，不断探索。在乡村振兴战略的指导下，有效地发挥农业大数据的作用，服务于农业生产，提高农户的经济收入。这是一个需要认真探索和不断实践的过程。

4.8 农业大数据的美好未来

近几十年来，全球人口数量大幅度增加，对自然资源的需求逐渐增大，作为人类主要食物来源的农业承受的压力倍增，需要在有限的土地上生产出更多的粮食、蔬菜，并养殖更多的家畜家禽和水产品，克服各种不利因素的影响，提高农业生产效率。农业是世界上最重要的产业之一，农业的发展需要克服人口与资源的双重压力，发展基于农业大数据的现代农业必定是大势所趋。

农业是大数据产生和应用的重要领域之一，农业大数据对于农民的生产生活能起到真真实实的作用，因此建设农业大数据的重要性不言而喻。近年来，随着我国信息化的不断推进，农业数据开放共享的基础环境不断优化，形成了一批开放共享的平台和系统，但是总体来说，农业数据共享总量有限，水平亟须提高。

国内一些公司开始致力于开发移动设备软件管理大棚，掌握实时的土壤、温度、作物状况等信息，将提高大棚管理的精确性。试想以后的大棚种植中，即使相隔二三米远的两块地，土壤水分、营养情况、农作物长势也可能完全不同，过去农民并不懂得区分这种差异，会把同样品种等间距种下去。如今，通过农业大数据分析，农民可以在肥力高的地方密植、肥力低的地方稀植，还可以更换合适的种子品种，而这些差别作业都可以随着播种自动完成。合理的种植分析，可以给每个大棚带来更多的增产增收。在大棚大数据得到合理有效利用的前提下，通过高效的管理和分析数据，以及对农业生产全过程进行精准化、智能化管理，可以极大程度地减少化肥、水资源、农药等投入。在提高大棚作业质量，使得大棚经营变得有序化的同时，蔬菜种植也变得可以追溯，从而为设施蔬菜的标准化、规模化生产打下良好基础。

通过农产品供应链物流信息系统减少农产品在中间环节的耗损，引导大型连锁超市直接与生鲜农产品产地的农民专业合作社对接，培育大型农产品物流配送企业，保障城乡居民食品安全，促进农民持续稳定增收，推进现代农业和社会主义新农村建设。农业与大数据的融合碰撞，给传统农业的种养殖和销售模式带来了创新，带动了农村地区产业转型升级。推进农业与大数据的融合发展，有助于破解乡村农业在发展过程中存在很多困难和不足的局面，加快经济提质增速，助力乡村振兴战略的实施。

从长远来看，农业大数据的开放共享是必然趋势。通过整合跨层级、跨部门、跨领域的信息，实现数据的互联互通，通过搭建开放式、协作式平台，实现创新的协同合作。相信在不远的将来，我国的农业大数据平台将会更加完善，普通农业的生产、农产品电商的发展，将会迎来更加美好的未来！

第 5 章　大数据时代的伦理隐忧

5.1　基因组信息涉及的伦理隐私

5.1.1　伦理学问题

谈到隐私，我们不妨回忆一下数年前(甚至持续至今的)关于互联网信息安全/隐私的争议。然而争议归争议，互联网还是不可避免地席卷了我们的生活。所以，互联网在带来隐私问题的同时，也带来了令人无法抗拒的诸多好处。

基因信息所产生的隐私问题，与互联网既有相似又有不同。但在两点上它们是完全一致的：①基因技术与互联网技术一样，是不可逆转的时代方向，避无可避；②基因技术与互联网技术一样，是善恶并存的。

我们在畅想由基因隐私泄露可能导致的恶果时，也应当考虑这些技术带来的福祉，这样才能客观地选择和使用这些技术。例如，有些妈妈听说抗生素滥用会导致细菌耐药性的问题后，就拒绝让患病孩子服用抗生素，因噎废食并不是我们所希望看到的后果。

5.1.2　基因信息与身份识别

从理论上来讲，任何两个人(除了同卵双胞胎以外)，只要检测几个 DNA 不同区域的短串联重复序列(short tandem repeat, STR)，就可以进行区分。这种由父母遗传给孩子的 STR，可以匹配到双亲的特征。因此，STR 可以用于身份识别和亲子关系鉴定，作为基因层面的身份证将无法伪造、无法丢弃、不会被冒领。

基因是包含着一个人所有遗传信息的片段，与生俱来并且终身保持不变。这种遗传信息蕴含在人的骨骼、毛发、血液等所有人体组织或器官中。近年来，已开发出多种遗传标记用于个人身份识别。其中，STR 技术由于检测方法简便、快速、准确度高、扩增片段大小适中，目前已发展为各法医学实验室最主要的个体识别检测标记方法。该技术现已非常普及，公安机关、司法、亲子鉴定一直都在使用。

2017 年，纽约基因组研究中心的研究人员在 *eLife* 上发表文章称，他们可以利用 Oxford Nanopore 公司的 MinION 测序仪和贝叶斯算法，快速鉴定人体 DNA 样本。这种方法在短短 3 分钟的测序过程中利用 60～300 个随机 SNP 便可识别人体身份，并且不需要进行 PCR，速度快且操作简单。同时，贝叶斯算法补偿了低覆盖度和易错测序中的噪声。

5.1.3 基因信息可能暴露意外的亲缘关系

基因信息可用于身份识别和亲缘关系的分析和判断，它所提供的信息足够可靠，以至于无意识的基因信息暴露可能会引发一场风波。例如，孩子受伤需要输血，父亲去献血时发现血型不匹配，意外发现了孩子非亲生。基因检测是"更高级别"的血型检测，用于鉴定亲子关系要比血型鉴定方法可靠得多。除了亲子鉴定以外，为了诊断或其他目的而进行基因检测，也可能意外发现孩子非亲生。另外，如果血型一样，只知道孩子是什么血型，并不能判断孩子是否是亲生，还必须同时知道父母双方及孩子的血型才能判断。基因检测也是一样，如果只对某一个人进行检测，并不能判断亲缘关系，必须同时检测这个人及他的亲属。

每个人的医疗健康大数据都是个人的宝贵资产。但如果没有人奉献个人医疗健康大数据，就不可能指望医疗健康大数据对整个医疗健康体系起促进作用。尽管基因信息可能暴露亲缘关系，但基因信息的获取却十分必要，这需要加强基因信息的管理、明确管理者的责任，并通过建立制度来进行约束，才能确保患者基因信息的安全性。

5.1.4 基因信息可用于推测个人特征

基因信息已在国外有一些刑侦方面的试探性应用，比如通过犯罪现场留下的犯罪嫌疑人的精斑来推测其外貌特征，如头发颜色、眼睛颜色等。但推测的准确性还不能保证，并且由于这些特征可能会被掩盖，因此也只是作为参考。虽然，目前还做不到对个人特征进行准确推断，但研究人员现已能从 DNA 破译出罪犯种族、头发和眼睛的颜色。同时，世界范围内的基因研究小组对人类其他外貌特征的研究也取得了一些进展，例如下巴的形状。对于面部特征识别，虽然已开展许多相关研究，但由于决定面部特征的基因太多，目前还没有得出有意义的结果。

5.1.5 基因信息可能导致基因歧视

人所处的社会存在着竞争，所以一些先天的基因缺陷可能会引起携带者在某方面能力的缺乏，从而导致雇用者在选择雇用对象时淘汰有先天基因缺陷的人，这就是通常所说的基因歧视。随着科学技术的发展，人们有可能从基因的角度对人类全体的遗传倾向进行预测，这些遗传信息的揭示和公开，将在升学、就业、婚姻等社会活动方面，对某些"不利基因"或"缺陷基因"的携带者产生不利的影响。基因歧视可以是针对一个人、一个家族或一个种族。携带肿瘤、心血管病等疾病高发基因，或嗜烟酒、犯罪倾向基因以及智商、性格、生理缺陷基因，只能说明这些基因的携带者在机体发育过程中有某种表现的倾向，但或许终生都不表现，他们在社会活动中因此受到各种不利的影响和歧视，这显然是不公正的。

实际上，世界上几乎没有完人，每个人的基因都或多或少有点小问题，不是那么"完美"，多少携带有一些遗传疾病的致病基因，都存在因携带了致病基因而被歧视的可能性。基因歧视的存在使人类社会的不平等面临着新的严峻考验，并使原来奠基于个体之上的社会关系和人性观念遭受到空前的挑战。当前一些国家已经出现了对非正常基因携带者的就业、保险等歧视现象，并大有蔓延之势。据报道，美国北圣菲铁路公司曾把对员工进行基因缺陷检测的结果作为雇佣员工的基础。基因歧视渗透到教育部门，后果将更严重。如果学校将学生按基因类型分类，教师们会忽视环境在培养学生过程中的作用，可能不重视甚至放弃"基因不良"的学生。如此下去，基因将会成为衡量一切的简单标准。在中国，基因歧视也是存在的，如因为体检出携带有地中海贫血基因而失去公务员招录资格，反映出在现实社会中，基因歧视会影响到公民的就业公平。

5.1.6　基因信息可能导致保险公司歧视性定价策略

随着基因检测技术的进步和发展，基因组检测成本会逐渐降低。当基因检测可靠性足够高、价格足够低廉的情况下，保险公司可能会在决定你的保费之前就对你进行基因检测，从而出现歧视性定价。当投保人确实存在疾病基因隐患时，可能会被迫大幅增加投保成本。为了制止出现这类情况，一些国家如美国就制定了相关的法律对保险公司的行为进行约束。美国的法律规定，保险公司不得根据基因检测结果制定差异性的保险策略。中国目前还没有相应的法律，但是相信随着基因检测行业的兴起，相关的法规也会相继出台。

目前，国内的保险公司还没有推出跟基因检测挂钩的保险条款。事实上，也有保险公司曾经试图给投保人做体检，之后根据他们的健康状况来评估保费，但是投保人并没有认可，这种类型的保险也卖得不好。

5.2　什么类型的基因检测更容易存在伦理隐患？

目前的基因检测主要分成以下几类，其所对应的基因隐私问题的程度也有很大差别，造成的心理干扰程度也有差异。

5.2.1 单基因检测

这类型检测只针对几个基因位点,只占你全基因组的很少一部分。这就好比你穿上衣服,只有头部和手被别人看见,不会涉及什么隐私。这类数据的价值并不高,但可以供医生做参考,在用药效果方面进行分析,选择个性化的药物。例如,在选择服用抑制血小板药物时,就要进行 $CYP2C19$ 基因检测,如果检测结果表明对氯吡格雷为慢代谢型,就不能使用这种药物,医生就会建议采用其他的药物。在疾病的临床治疗上,单基因检测较为常见。

5.2.2 疾病的基因检测

基因检测可以诊断疾病,也可以用于疾病风险的预测。疾病诊断是用基因检测技术检测引起遗传性疾病的突变基因。目前,应用最广泛的基因检测是新生儿遗传性疾病的检测、遗传疾病的诊断和某些常见病的辅助诊断。

治疗疾病对每个人来讲都是非常重要的事情,因此疾病基因检测成了基因检测公司比较看好的项目。多数人都会选择针对某一种或某一类型的遗传疾病所设计的检测项目,不会因为存在隐私问题就放弃对疾病的治疗,毕竟人的生命十分宝贵。基因检测公司会对可能引起疾病的突变基因进行分析,为检测对象的疾病治疗提供科学依据。

具有癌症或多基因遗传病(如老年痴呆、高血压等)家族史的人是最需要做基因体检的群体。这些高危群体通过基因体检可以知道自己是不是带有疾病基因,以便及早发现和预防,并做好饮食保健,调整好生活习惯,以减少疾病发生的可能。

5.2.3 全外显子、全基因组检测或检测位点非常多的芯片检测

这类检测就是所谓的"大数据"分析,对全基因组都可以做到透彻的分析,信息量也非常大。尽管可以不断挖掘出新的与健康或者基因相关的信息并提供给受检者,但是大数据可能会挖掘出"隐私"数据。

5.2.4 亲子鉴定、司法鉴定

这类隐私可以从法律层面上得到保护。亲子鉴定和司法鉴定的历史较长,相关法规较为完善,一般不存在这类问题。

5.3　如何注意避免泄露基因隐私

5.3.1　了解检测目的

首先要了解"将进行什么样的检测？""是疾病的检测、某一个特性的检测？还是全部基因的检测？"这往往需要受检者根据自己的需求来做出选择。首先，你要明确是做全基因组检测，还是针对某个具体的遗传疾病进行检测。这一点十分重要，不可忽视。如果目的没有搞清楚，最好不要轻易去检测公司进行检测。你的隐私，由你做主。要对你本人负责，把问题留给自己。基因隐私不只是你一个人的问题，还涉及你的家人和后代，不要因为个人的疏忽而让家人生活在心理隐忧的阴影里。

5.3.2　阅读知情同意书和条款，保护自身权利

在阅读知情同意书和条款时，需要注意几点：①剩余 DNA 样品的处理问题，检测公司是否在以后会进行销毁；②基因组测序结果的保密问题，检测公司是否有权向第三方提供你的检测结果；③应用问题，检测公司是否有权将此类基因组信息应用于科学研究；④个人信息保护问题，如果要向第三方提供你的基因组信息，或应用于科学研究，应当采取匿名的形式；⑤除你本人之外，其他人是否有权获取你的基因数据及查看你的检测结果，需要提供什么证明。

5.3.3　了解检测所使用的技术手段

目前，基因组测序技术主要有以下几种：第一代测序技术、第二代测序技术、高通量芯片测序技术、低通量芯片测序技术。从测序实验可获得的信息量来看，第二代测序技术最优，高通量芯片测序技术次之，而第一代测序技术最差。因此，在进行遗传疾病检测时，最好使用第二代测序技术，其可靠性更高，更具有价值，但由此带来的隐私风险也高。第二代测序技术是目前最先进的全基因组测序技术，但由于成本原因，还不能在临床上应用。

5.4　大数据时代生命伦理展现价值维度

由于智能手机、移动互联网、云计算和无线通信服务业的兴起，移动医疗和智慧医院已渐行渐近，正在推动医疗保健领域的变革——医疗大数据变革。医疗大数据既产生于"数字化身体"，同时经过不断地推进，又将"数字化身体"纳

入医疗的超级融合进程中。这不仅带来了医疗技术形态的改变,而且带来一种更为根本的道德形态的改变。

5.4.1 生命伦理学的出现及其研究范畴

生命伦理学是 20 世纪 60 年代首先在美国产生随后在欧洲发展起来的一门新兴学科,也是迄今为止世界上发展最为迅速、最有生命力的交叉学科。生命伦理学的"生命"主要指人类生命,但有时也涉及动物生命和植物生命以至生态,而伦理学是对人类行为的规范性研究,因此可以将生命伦理学界定为运用伦理学的理论和方法,在跨学科跨文化的条件下,对生命科学和医疗保健的伦理学方面,包括决定、行动、政策、法律等进行的系统研究。

生命伦理学是伴随着对二战期间纳粹人体实验的批判和对新兴生物医学的伦理反思而出现的,其主题可归结为技术、医学和生物学应用于生命时提出问题的伦理维度。然而,由于这种从个体出发的伦理过于强调个人主义或自由主义的权利概念和原则取向,它所论证的原则并不特别适合于人口意义上的公共卫生或公共健康实践。

生命伦理学所追求的是在基本原则指导下建构一个程序规则,让各种理论和价值观获得平等对话和合作的机会。但由于方法本身的缺陷及现代性伦理的内在矛盾,它并没有实现这一目的。由于中国文化传统和社会现实的特殊性,西方生命伦理资源并不适合中国国情。同时,我们要意识到生命伦理学的发展所呈现给我们的是鲜活的伦理生活和问题,隐含在问题背后的生命本身的价值思考将逐渐展现出其理论趋向和可行的道德规则。

从 21 世纪现代医疗技术和医疗实践领域的最新进展所激起的"具体项目"作为难题治理所牵涉伦理问题和法律问题的广度和深度看,人们确实捕捉到了一种"伦理之复兴"的世纪症候。目前存在的两大难题:一是伦理难题,二是法律难题。

我国著名生命伦理学家邱仁宗先生曾把生命伦理学的研究范畴归结为以下几个方面:

(1) 理论层面:生命伦理学的理论基础及原则主义在生命科学和医疗保健领域中的应用。

(2) 临床层面:着重研究临床医学实践中的种种伦理困惑,如人体器官移植、辅助生殖、人工流产、产前诊断、遗传咨询、临终关怀,以及安乐死等等。

(3) 涉及人体受试者的临床研究层面:如何尊重受试者及其相关群体的自主性,保护受试者的权益,同时也涉及如何适当保护实验动物的问题。

(4) 公共卫生层面:如何维护和促进人群的健康,如何处理个人权利与群体健康的关系等。

(5) 政策层面：医疗领域利益冲突的管理以及高新技术的临床规范应用都涉及相关政策制定、行政和行业管理以及法律法规等问题。

(6) 文化层面：不同文化背景下的生命伦理学对特定的问题有着不同的理解、诠释和解决途径等。

5.4.2　生命伦理学原则

作为一门新兴学科，生命伦理学理论在其发展过程中争端不断。其中较多的就有比彻姆和丘卓斯与恩格尔哈特之间关于原则主义的争论。在《生物医学伦理学原则》中，比彻姆和丘卓斯明确提出和阐释了后来影响极大的"四原则说"，即尊重自由、不伤害、行善、正义；而在《生命伦理学基础》中，恩格尔哈特提出程序性原则——允许原则。比彻姆和丘卓斯与恩格尔哈特的原则说及其争论体现了各自不同的伦理学研究路径。比彻姆和丘卓斯立足于现代社会，通过对多种伦理学说的评说，主张建构普遍的实质性原则，着力解决伦理实践的道德冲突；恩格尔哈特立足于后现代社会，积极解构启蒙理性的道德工程，主张建构普适的程序性原则，用以解决道德异乡人之间的道德争端。

各种相互竞争的道德主张又必须通过某种共识才能相互包容，这成为异质人群在一起合作的前提。于是，生命伦理学遭遇恩格尔哈特所说的"地理学难题"。"地理学难题"由此诉诸保健专家的实践智慧，这对难题求解来说是十分自然的。但问题在于，一场引发生命伦理学理念或方法重构的医疗健康实践的变革，即大数据时代个人健康革命，反而没有引起足够的重视。

来自医学界的反思表明，大数据时代为我们提供了一种方法论向导，即构建"个体与总体之间超级融合"的方法，我们称之为"道德形态学"方法。无线医疗领域的先锋人物埃里克·托普在《颠覆医疗：大数据时代的个人健康革命》中表明：智能手机、云计算、基因测序、无线传感器、临床试验、网络连通、高级诊断、靶向治疗将使医疗更具个性化；数字化身体或镜像身体又塑造出"医学的伟大拐点"，大数据通过数字化的超级融合孕育人类的总体映像。这是一种"将个体与总体进行超级融合"的医学变革，它展现了大数据时代生命伦理的道德形态学的价值维度。

数字化人体、移动医疗和医疗大数据必然展现为一种道德形态过程。它一开始与智能手机、互联网、传感设备等技术形态密不可分，但随着这个形态过程的展开，人口效应将推动医疗进入一种大数据的文明指引中。这是一场全方位的变革。大数据对生命医学的影响是"形态学"进入生命伦理学的契机，引入"形态学"方法，从物质现象层面看待将个体与总体融合起来的价值图式，将为生命伦理学的研究开发出一种新方向。

5.4.3 大数据时代的医学伦理与信息安全

1. 基因隐私

如今 DNA 双螺旋模型的提出者詹姆斯·沃森已经公布了其个人基因组数据，并显示其具有可能患上阿尔茨海默病的基因，可以为治疗这类疾病提供一种个性化医疗的信息，但也涉及个人的隐私问题，但沃森本人同意公开他的基因组数据。

HeLa 细胞株是一个来自黑人妇女的宫颈癌细胞，在生命科学研究中得到广泛使用，被世界各国的实验室进行传代培养。贡献出宫颈癌细胞的黑人农妇海瑞塔·拉克斯(Henrietta Lacks)于 1951 年过世，那时人们并不知道是她的 DNA 双螺旋结构上出现了问题，因为 1953 年 DNA 双螺旋结构模型才被提出。后来科学家对 HeLa 细胞株进行了基因测序，其目的是在 DNA 上找到宫颈癌之类疾病的病因和临床治疗办法。如今，HeLa 细胞株的基因信息已经被公布，但并未征求海瑞塔·拉克斯家人的同意。这种情况是否侵犯了她及其家人的隐私权？基于此，海瑞塔·拉克斯事件可能终将推动政府立法，保护她的家人和所有人的基因隐私。

在 HeLa 细胞被用来帮助研发最重要的疫苗，以及抗癌药物、试管授精、基因图谱和克隆研究的同时，拉克斯的后人却在为他们的隐私担忧。这样的问题不只是出现在 HeLa 细胞上，一旦个人基因组信息变得简单易得，今后大多数人均会遇到同样的问题。因此，如何为保护个人和家族的基因隐私，推动政府机构进行立法，是解决这一问题的重点。

设想一下，如果有人偷偷把你的 DNA 样本送给某家公司，有许多公司承诺，他们能告诉你，你的基因如何预示你的未来。公司出具的报告会包含好消息(如你可能会活到 100 岁)，也包括不那么好的消息(如你极有可能得老年痴呆症、双相情感障碍或酒精中毒)。基因信息能给人抹上"污点"，尽管雇主或者医疗保险提供者利用基因信息进行歧视是非法的，但是在人寿保险、残疾保险及长期医疗护理等行业这样做并不违法。现在市场上很有名的 23andMe 和 Ancestry 等基因检测服务公司，其检测价格普通人都可以承担。他们通过低价吸引人们参与到基因组测序的活动中来，从中获得大量的个人基因组数据，并提供给大型的制药厂，用于新药的研发。人群的基因信息，就是新时代的"金矿"。那么，对于普通人的生活，会有什么影响呢？设想一家健康保险公司，在拿到你的基因信息之后对你进行未来的健康风险评估，以此来调整你的保费，甚至可以拒绝承保。那么你的基因信息就已经在影响你的生活了。1997 年有一部科幻电影《GATTACA》，推广了一种可能的社会秩序，完全取决于你自身基因品质的社会秩序。

大数据隐私问题是不容回避的现实挑战。一方面，科学技术的发展对大数据的依赖越来越大，开源与数据共享已经成为生物学研究重要的驱动力量。但是，随着人们对隐私问题特别是基因隐私问题的关注，将来对一些重要信息的访问可能会受到限制，例如个人基因组数据。另一方面，患者的参与度越高，生物医学研究项目成功的可能性越大。但是，如何让患者从中受益，如何进行利益共享是人们面临的一个问题。科研人员必须尽可能地找到保证患者隐私的方法，这样才能在大数据研究中获得公众的信任。解决这一问题的关键是：告知患者生物学和临床研究的进展可能给他们及其后代带来的利益和风险，并向他们解释为什么研究人员采集的高位数据无法完全地去除身份信息。患者通常认为，研究人员会保证他们的隐私不被泄露，但实际情况是研究人员只能保证不主动泄露隐私信息，而被动地或不自知地泄露是非常普遍的。因此，患者应在允许科学研究共享其健康与医疗数据时被赋予更多的权利。立法机关应及时根据科学技术的进展制定法律，以保护个人不会因个人隐私泄露而受到歧视。2008 年 5 月，时任美国总统布什签署了一项法律——《遗传信息非歧视法》(*The Genetic Information Nondiscrimination Act*，GINA)。该法案的主要精神是维护那些遗传信息显示具有患某种疾病（例如癌症或心脏病）倾向的个人权利，反对歧视行为。

基因组图谱在表现生命现象时虽然起关键性作用，但不是唯一的作用。任何生命现象归根结底都是遗传与环境相互作用的结果。生命的演绎过程就是各种复杂的因素在遗传背景这张天幕上表演情节复杂的"戏剧"过程。遗传是内因，环境因素是外因，外因通过内因起作用，二者彼此依存。所以，在谈论基因组图谱和基因的作用时，切忌走极端。过分夸大基因的作用，甚至做无限制的推测和引申，容易跌入"基因决定论"的泥潭。反之，若否认基因的重要作用，则容易跌入"基因无用论"和自然虚无主义陷阱。

2. 大数据时代的信息安全

随着互联网与各种智能设备的普及，各类数据呈现爆发式增长，而云存储、云计算等技术正帮助人们存储这些海量信息并从中挖掘出人们需要的东西，因此我们的时代被称为大数据时代。大数据技术要求实现数据的自由、开放和共享，我们由此进入了数据共享的时代，但同时我们也时刻被暴露在"第三只眼"的监视之下。大数据时代，隐私和安全成为利用互联网医疗信息的第一个问题。因此，大数据技术带来了个人隐私保护的隐忧，也带来了对数据的滥用或垄断的担心，特别是人类自由可能被侵犯，由此产生了大数据时代人类的自由与责任问题，这对传统伦理观带来了新挑战。

现代智能技术为数据的采集提供了方便的技术手段，并形成了一个从天上到地下的全方位监控，构成了一个立体的"天罗地网"。在大数据时代，人们的一切行为都暴露在智能设备的监控之下，让人真正感受到被"天罗地网"所包围，一切思想和行为都暴露在"第三只眼"的监视下。令人震惊的美国"棱镜门"事件是最典型的"第三只眼"事件的代表。美国政府利用其先进的信息技术对诸多国家的首脑、政府、官员和个人都进行了监控，收集了包罗万象的海量数据，并从这些海量数据中挖掘出其所需要的各种信息。纵然"棱镜门"事件的风波早已经平息，但它给我们带来的对于信息安全的担忧仍未结束，我们仍需加强在网络上对于自己信息安全的保护。

除了这种早已设计好的数据收集行为之外，更多的是无意中留下各种数据的情况。只要使用了网络或智能设备，人们的一举一动都已经被留下，并可能永久存储于云端。例如，人们几乎每天都在使用 Google、百度等搜索工具，只要进行过搜索，我们的搜索痕迹就被 Google、百度永久地保存。我们现在都喜欢网上购物，在亚马逊、当当购书，在淘宝、天猫、京东商城购物，只要进入过这些网站，哪怕只随便浏览了其中的某种物品信息，我们的兴趣、偏好、需求等信息就会被记录下来，之后便时不时地收到各种有针对性的推荐广告。人们在使用 QQ、微信、Facebook 等网络社交工具聊天时，以为及时删除了聊天记录就万事大吉，其实网络早已"偷窥"了我们的秘密，并永久地记录了下来。现在几乎人人手机不离手，手机具备的功能也是数不胜数，如通话、短信、导航、搜索等等。人们以为在使用手机时只要注意及时删除信息，就能很好地保护隐私，殊不知我们的一切早已被记录。博客、微博、云空间等，也永久记录着人们的所思所想。人们的一切都以数据化的形式被永久记录下来，部分数据是被人强行记录，有些则是人们自己主动留下的。

随着大数据时代的来临，数据成了一种独立的客观存在，成了物质世界、精神世界之外的一种新的信息世界。此外，数据还成了一种土地、资本、能源等传统资源之外的新资源，这种新资源已成为新时代的标志，也成为继煤炭、石油之后的新宝藏。因此，数据的所有权、知情权、采集权、保存权、使用权以及隐私权等，成为了每个公民在大数据时代的新权益，这些权益的滥用也必然引发新的伦理危机。

人们每天使用随身携带的智能设备所产生的各种数据、访问网页产生的访问记录，使用微信、QQ、Facebook 等网络社交工具所产生的交往数据，以及在微博、推特等网络社交平台发表的各种言论，都被相关公司储存和记录，并汇集在一起形成大数据。通过对大数据进行挖掘，可以从中挖掘出有价值的信息，因此大数据被认为是一种用之不尽的新资源。现在的问题是，与我们如影相随的"数据足迹"作为一种新资源，是否有所有权的问题？这些数据应该归属于谁？这些数据是否属于我们个人？其他人（包括记录和存储数据的公司）是否有权存储和使用这些数据？传统的资源，其产权相对来说比较明晰，而由我们的数据足迹形成的大数据，其所有权归属就没有那么分明。如果说这些数据属于我们个人，那么他人使用就必须得到授权，否则就是侵权。但事实上，大数据由于涉及海量主体，并不可能得到所有个体的授权。

政府是数据的最大拥有者，它通过各种途径收集了全国人口、经济、环境、个人等各类数据，其中许多数据本身就涉及我们大众的工作、生活和其他各方面的信息，通过纳税人的钱所收集的数据，我们是否有权利知晓和使用呢？从传统来看，各国政府往往以涉及国家安全为由拒绝公开政府数据，这让百姓永远被蒙在鼓里，从而滋生出政府的各类腐败。如今不少国家通过制定相关法律，逐渐公开各种数据，只要不是涉及国家安全的数据，都必须向公众公开。政府数据的公开让政府的相关行为能被公众知晓，更加体现了公开、公平、公正的原则，让政府的行为随时处于大众的监督之中，因此，大数据带来了公民的自由与公正。

大数据带来的最大伦理危机是个人隐私权问题。在小数据时代，个人信息主要通过纸质媒体进行传播，相对来说对个人隐私的影响较小，而且即使传播，其传播的速度、范围和查询的便捷性都受到一定的限制。此外，在小数据时代，有两条措施来保证个人隐私的安全：一是模糊化，二是匿名化。然而，在大数据时代，这些举措不再有效，那些限制条件也不再存在，因此对隐私保护形成了巨大的挑战。在大数据时代，一旦个人信息在网络上留下足迹，就完全暴露在大庭广众之下，没有任何的隐蔽措施，这就需要从信息的采集和使用上加强防范。

首先是数据采集中的伦理问题。在小数据时代，以往的数据采集都是由人工来完成，在数据采集时会告知被采集人有关数据采集的目的和用途，而在大数据时代，数据采集都是由智能设备自动采集，数据的采集过程较为隐蔽，被采集对象往往并不知道数据采集的目的和用途。例如，每天通过上网、聊天、使用手机产生的浏览记录、聊天记录、通话记录、短信和社交信息记录，我们在公共场合出入的监控记录等等，在我们不知情的情况下被记录和储存下来。

其次是数据使用中的隐私问题。在小数据时代，人们采集数据基本上都是一数一用，还可以模糊和隐匿，不存在隐私被泄露的问题。但是，在大数据时代，各种数据都被永久性地保存着，这些数据汇集在一起形成大数据，这些大数据可以被反反复复永久使用。从单个数据来说，经过模糊化或匿名化，隐私信息可以被屏蔽，但将各种信息汇聚在一起形成的大数据，可以将原来没有联系的小数据联系起来。大数据挖掘可以对各种信息碎片进行交叉、重组、关联等操作，这样就可能将原来模糊和匿名的信息重新挖掘出来，所以对大数据技术来说，传统的模糊化、匿名化这两种保护隐私的方式基本失效。

最后是数据取舍中的伦理问题。在小数据时代，数据被遗忘是常态。但是，由于网络技术和云技术的发展，信息一旦被上传网络，则立即被永久性地保存下来，就像白纸染上墨迹一样，我们很难彻底清除。于是，在大数据时代，记忆成了新常态，而遗忘则成了例外。例如，由于疏忽而没有及时偿还银行信用卡的透支，不良信用可能会跟随一辈子，成为当事人的噩梦。又例如，某位明星出了绯闻，如果在网络中传播，对其影响很大，因为这些八卦新闻很难清除。如果你做错一件事，大数据就会将此事永远存储下来。这种永久存储的技术让不少人失去了重新做人的机会，给当事人带来永远的灾难。因此，当事人是否有权要求删除自己的相关信息呢？在大数据时代，究竟由谁来决定数据的取舍？

3. 应对措施

大数据技术是信息技术的延续，信息社会刚刚提出并兴起之时，人们也曾担心害怕，一如当下的大数据革命。任何技术都是一把双刃剑，这把剑是利是害，完全取决于持剑之人。大数据技术只是放大了人类原本就存在的或明或暗的人类本性，所以对大数据的规制其实还是对人本身的规制。在大数据时代，网络服务供应商和网站运营商大规模收集数据，既体现了这个时代的愚蠢，也体现了这个时代的智慧。坏的方面在于我们的隐私可能被暴露，好的方面是通过这些信息可以深入地了解人们的行为，合理地运用这些信息，将为医学研究带来巨大福利。数据的大规模收集为改善公众健康状况提供了可能性，借助互联网数据即可对公众健康状况产生可量化且直接的积极影响。医生在微信朋友圈中发布的信息，可以对患者起到指导性作用，比如告诫心血管疾病患者夏季不要将空调温度调得过低，不要快饮冷饮解暑，因为低温度会刺激引发血管收缩，诱发急性心肌梗死和心绞痛；心血管疾病患者夏季不要在海拔高于 2000 米以上的高山地区避暑，稀薄的氧气更容易导致心肌细胞缺氧缺血。有了这些信息，心血管疾病患者就对自己的生活习惯和行为有了认识，及时纠正不好的习惯，改正错误的行为方式，这对于心血管患者的身体健康大有帮助，医生通过这些信息指导患者如何注意身体，减少了发病的概率，取得了更好的效果。所以，大数据将在改善个人健康状态方面，发挥意想不到的作用。正因为大数据有如此重要的作用，所以应该正确看待大数据的负面影响，如何去应对这一问题，需要从以下几个方面做起。

(1) 要保持开放的心态。面对大数据这种新的事物，我们还不知道怎么去适应，所以出现忐忑不安的心情是可以理解的。在历史上，人们对印刷术、计算机甚至火车、汽车的出现都曾有过不安。任何新技术都是社会经济需求和科技内在逻辑两种合力的推动下出现的，因此都有其发展的必然性。面对当前大数据技术的滚滚洪流，我们应保持开放心态，积极迎接大数据时代的来临，适应大数据即将给社会发展带来的变革。这种对新技术的文化适应将有利于人类自身的发展，使人类在不断创新发展的过程中，积极地接受新事物，发展新技术，保持不断进步、永不停止的状态。

(2) 坚持分享精神。在大数据时代，数据信息成了一种新资源，这种资源不会因为使用而被消耗，而是越被使用越能体现出其隐藏价值，所以现在微信朋友圈、微博关注圈或其他信息传播渠道，不断有人晒图片、传信息，不断与朋友分享自己的数据资源。因此，我们可以说，资源共享或分享是信息时代的主旋律。传统资源基本上只能使用一次，且你拥有了，我就不可能拥有，具有独占性，由此也造成了人类自私的习性。数据资源不管怎么分享，其使用价值都不会递减，而是保持不变甚至会价值递增。在大数据时代，我们要有奉献、分享的精神，让数据资源发挥其最大的价值，让我们的时代成为一个数据信息资源更加丰富的时代。

分享精神让人们忘掉了自私，也是这个时代给予我们的精神馈赠。

(3) 坚守伦理底线。大数据作为新的资源，正成为各行业竞相追逐的标靶。抢占大数据的先机，就是抢占市场。大数据带给企业家的财富空间是无穷的，必然引起企业对大数据的追逐。但在数据采集、使用中必须遵循一定的伦理规范，确保他人的隐私权不受侵犯。因此，数据采集必须通过合法途径，最好告知当事人并得到授权。数据资源虽然不会被消耗，但其中隐含着大量的信息，特别是同样的数据随使用目的不同，可以挖掘出不同的信息，因此在使用中要特别注意不能暴露他人隐私和侵犯他人权益。只有坚守道德底线，才能确保大数据的合理运用，确保个人隐私和权益不受侵犯。

(4) 加强数据立法。大数据是一种新技术，但是，由于时代转型过快，原来适合小数据时代的诸多法律、法规对大数据不适用。例如，在小数据时代，为了保护个人隐私的告知与许可制度，由于大数据的多次开发与使用而失效，因此必须重新立法，对数据的采集、使用、储存和删除各个环节都进行一定的法律约束。只有在有法可依的情况下，才能对非法数据采集进行有力的打击，并要求数据挖掘者、数据使用者承担相应的法律责任。此外，由于云技术，数据可以永久存储，这可能给他人隐私带来伤害，因此应该立法规定数据的存储、使用期限，数据存储者负责到期信息的删除以保护当事人权益。大数据的立法可以确保隐私安全，减少人们的担忧，使更多的人愿意分享数据，有利于大数据产业的健康发展。

(5) 呼唤透明公开。在开放的大数据时代，任何不涉及个人隐私、组织秘密或国家安全的数据，都应该对外公开。特别是政府部门的数据，由于是使用纳税人的钱所收集的数据，而且许多数据也涉及纳税人的权益，因此应该最大限度地对外开放。数据的公开、透明还是一剂最好的反腐"良药"，可以防止腐败并提高政府效率，有利于建设和谐的社会环境。如今世界许多国家都通过立法，开设各种网站，将涉及国计民生的各类数据完全公开，我国也要尽快赶上大数据开放的浪潮。

(6) 确保人性自由。任何技术都是为人类服务，而不能成为限制人自由、异化人本性的手段。人类发展离不开技术进步，离不开新技术带来的便捷和对生活质量的改善。大数据技术通过海量数据，可以挖掘历史，甚至预测未来，但同时也让人们都变成了"裸身人"，人的自主、自由很可能受到侵犯。因为大数据，我们可能都将无处藏身，谎言、伪装会很快被人识破，这就迫使人又回归本真，回到我们孩童时期那种没有伪装、没有谎言的状态。这也就是说，大数据技术说不定会让人们更加赤诚相待，人类反而更加自由，人性反而得到高扬。

主要参考文献

埃拉德·约姆-托夫, 2016. 医疗大数据: 大数据如何改变医疗[M]. 潘苏悦, 译. 北京: 机械工业出版社.

埃里克·托普, 2013. 颠覆医疗: 大数据时代的个人健康革命[M]. 张南, 魏薇, 何雨师, 译. 北京: 电子工业出版社.

埃里克·托普, 2016. 未来医疗: 智能时代的个人医疗革命[M]. 郑杰, 译. 杭州: 浙江大学出版社.

白跃宇, 张震, 谭旭信, 等, 2012. 我国牛肉质量追溯体系研究现状和存在问题[J]. 中国草食动物科学, 32(5): 75-78.

陈娟, 陈峻, 2007. 求解多重序列比对问题的蚁群算法[J]. 计算机应用研究, 24(1): 25-30.

陈威, 李燕妮, 周涵, 等, 2017. 孟山都农业大数据的生产应用及中国启示[J]. 农业网络信息, (5): 27-30.

代菲, 舒丽芯, 储藏, 等, 2012. 简述分析几种信号监测方法在药物不良事件中的应用[J]. 药学实践杂志, 30(5): 380-383.

戴灼华, 王亚馥, 粟翼玟, 2008. 遗传学[M]. 第2版. 北京: 高等教育出版社.

董玉琛, 2001. 作物种质资源学科的发展和展望[J]. 中国工程科学, (1): 1-5.

杜朋, 陈孟毅, 李程程, 2016. 复杂性状遗传CC小鼠与精准医学研究[J]. 中国比较医学杂志, 26(8): 30-35.

段美华, 2011. 重庆农产品物流配送中心建设中的问题分析[D]. 重庆: 西南大学.

樊代明, 2012. 另议肿瘤本质: 整体调节作用显著[J]. 医学研究杂志, 41(6): 1.

樊代明, 2012. 整合医学初探[J]. 医学争鸣, 3(2): 3-12.

范文跃, 2015. 透视大数据时代下的农业标准信息化[J]. 电子商务杂志, (5): 26-26.

方政, 2012. 关于生命伦理学原则的争论[J]. 学术界, (7): 107-114.

冯新港, 林娇娇, 2001. 基因识别的计算机方法及其在寄生虫基因组学研究中的应用[J]. 国外医学: 寄生虫学分册, 28(5): 193-198.

高霞, 2009. 创建基于贝叶斯分类的农作物病虫害等级预测模型[C]. 第26届中国气象学会年会农业气象防灾减灾与粮食安全分会场论文集.

龚秋林, 肖平, 陈勇玲, 等, 2009. 高代回交QTL分析与渗入系在育种中的应用[J]. 江西农业学报, 21(1): 20-22.

郭钧, 沈益东, 2012. 一种面向医药制造业的数据整合和信息服务平台设计[J]. 科技创新导报, (33): 31.

郭晓钟, 2013. 整合医学理论与胰腺癌[J]. 中华消化杂志, 33(10): 655-658.

韩建文, 张学军, 2011. 全基因组关联研究现状[J]. 遗传, 33(1): 25-35.

何俊平, 阮松林, 祝水金, 等, 2010. 图位克隆技术在农作物基因分离中的应用与评价[J]. 遗传, 32(9): 903-913.

何权瀛, 2013. 现代临床医学正走向危险的边缘[J]. 医学与哲学, 34(1): 6-8.

何权瀛, 2014. 临床整合医学的必要性及实施中存在的问题——以慢性阻塞性肺疾病及其合并症的诊治为例[J]. 医学与哲学, 35(4): 1-2.

洪流, 吴开春, 2013. 整合医学对提升胃癌诊疗水平的促进作用[J]. 中华消化杂志, 33(10): 651-652.

惠大丰，姜长鉴，莫惠栋，1997. 数量性状基因图谱构建方法的比较[J]. 作物学报，23(2)：129-136.

克瑞莎·泰勒，2016. 医疗革命：大数据与分析如何改变医疗模式[M]. 刘雁，译. 北京：机械工业出版社.

匡芳君，金忠，徐蔚鸿，等，2015. Tent 混沌人工蜂群与粒子群混合算法[J]. 控制与决策，30(5)：839-847.

黎玲萍，毛克彪，付秀丽，2016. 国内外农业大数据应用研究分析[J]. 高技术通讯，26(4)：414-422.

黎裕，李英慧，杨庆文，等，2015. 基于基因组学的作物种质资源研究：现状与展望[J]. 中国农业科学，48(17)：3333-3353.

李宏，2005. 我国生物信息学研究的发展策略[J]. 重庆工商大学学报(自然科学版)，22(2)：105-108.

李宏，2011. 植物抗病遗传育种中的 QTL 定位和克隆[J]. 亚热带植物科学，40(3)：87-92.

李宏，2012. 生物信息学与 eQTL 作图：问题和展望[J]. 生物技术通报，(7)：49-54.

李宏，2012. 肿瘤表观基因组学、生物芯片和生物信息学[J]. 生物信息学，10(3)：163-168.

李宏，王宜林，2005. 论信息资源与生命科学研究[J]. 重庆工商大学学报(自然科学版)，22(4)：330-334.

李宏，韦晓兰，2013. 表型组学：解析基因型−表型关系的科学[J]. 生物技术通报，(7)：41-45.

李建春，李锡香，宋明，2007. EcoTILLING 技术及其应用[J]. 植物遗传资源学报，8(1)：123-126.

李景娟，张正斌，李魏强，等，2007. 六倍体小麦基因克隆方法研究进展[J]. 麦类作物学报，27(2)：349-353.

刘端祺，李小梅，2011. 导言：肿瘤姑息治疗：认识日渐清晰[J]. 医学与哲学(临床决策论坛版)，32(1)：7-7.

刘芳，余四斌，2006. Ecotilling，一种检测基因多样性的新方法[J]. 生物技术通报，(S1)：171-177.

刘剑，2008. 生命伦理学原则的冲突及其原因分析[J]. 医学与哲学(人文社会医学版)，29(2)：15-18.

刘静，于金明，2013. 恶性肿瘤患者个体化放疗分类及可行性研究现状[J]. 中华放射肿瘤学杂志，22(4)：302-304.

陆伟，2013. 整合医学理论对肝癌临床诊治的启示[J]. 中华消化杂志，33(10)：658-660.

米塞诺 S，克拉维茨 S A，2005. 生物信息学方法指南[M]. 欧阳红生，阮承迈，李慎涛，等译. 北京：科学出版社.

宁康，陈挺，2015. 生物医学大数据的现状与展望[J]. 科学通报，60(5-6)：534-546.

乔治·丘奇，艾德·里吉西，2017. 再创世纪：合成生物学将如何重新创造自然和我们人类[M]. 周东，译. 北京：电子工业出版社.

秦向阳，杨宝祝，赵春江，等，2004. 现代农村信息服务体系建设[J]. 中国科技成果，(12)：4-5, 11.

权晟，张学军，2011. 全基因组关联研究的深度分析策略[J]. 遗传，33(2)：100-108.

任民，2014. "智慧农业"：改变种地靠人力的历史[J]. 农家之友，(3)：12-13.

史蒂文·门罗·利普金，乔恩·R. 洛马，2016. 基因组时代：基因医学的技术革命[M]. 许宗瑞，陈宏斌，译. 北京：机械工业出版社.

司秀华，陈国良，2006. 一种多搜索策略的多生物序列比对自适应遗传算法[J]. 小型微型计算机系统，27(5)：854-857.

孙传清，1996. 普通野生稻和栽培稻核 DNA、mtDNA、cpDNA 的遗传分化[D]. 北京：中国农业大学.

孙忠富，杜克明，郑飞翔，等，2013. 大数据在智慧农业中研究与应用展望[J]. 中国农业科技导报，15(6)：63-71.

谭贤杰，吴子恺，程伟东，等，2011. 关联分析及其在植物遗传学研究中的应用[J]. 植物学报，46(1)：108-118.

汤在祥，徐辰武，2008. 复杂性状遗传分析策略和方法研究进展[J]. 中国农业科学，41(5)：1255-1266.

王海宏，周卫红，李建龙，等，2016. 我国智慧农业研究的现状·问题与发展趋势[J]. 安徽农业科学，44(17)：

279-282.

王俊，丛丽娟，郑洪坤，2008. 常用生物数据分析软件[M]. 北京：科学出版社.

王勇献，王正华，2011. 生物信息学导论——面向高性能计算的算法与应用[M]. 北京：清华大学出版社.

王志刚，王明刚，2016. 基于符号函数的多搜索策略人工蜂群算法[J]. 控制与决策，31(11)：2037-2044.

许峰，闫素辉，张从宇，等，2015. 基于高代回交分离群体的小麦抗赤霉病QTL *Fhb4* 和 *Fhb5* 的遗传互作模式分析[J]. 华北农学报，30(5)：30-35.

杨善益，邓启云，陈立云，等，2006. 野生稻高产QTL导入晚稻恢复系的增产效果[J]. 分子植物育种，4(1)：59-64.

叶建伟，张勇，徐苓，等，2007. 医学发展的未来：从基因组学到整合医学[J]. 中华医学杂志，87(27)：1873-1875.

游苏宁，2015. 大数据对传统医学的颠覆[J]. 中华口腔医学杂志，50(1)：1-3.

曾燕如，黄敏仁，王明麻，2003. 一种新的分子标记——单核苷酸多态(SNP)[J]. 南京林业大学学报(自然科学版)，5(3)：84-88.

张立慧，王志敏，郭航，等，2014. 番茄基因组学研究进展[J]. 园艺学报，41(9)：1802-1810.

赵春芳，强新涛，张亚东，等，2015. 水稻高代回交置换系穗颈长度的遗传分析[J]. 植物学报，50(1)：32-39.

赵荣，陈绍志，乔娟，2012. 美国、欧盟、日本食品质量安全追溯监管体系及对中国的启示[J]. 世界农业，2012(3)：1-4，25.

赵晓霞，2011. 浅谈运用整合医学疗法治疗肿瘤[J]. 医学信息，24(5)：2544-2545.

邹和群，2013. 系统医学整合医学[J]. 器官移植内科学杂志，8(4)：153-158.

邹喻苹，葛颂，2003. 新一代分子标记-SNPs及其应用[J]. 生物多样性，11(5)：370-382.

21世纪医疗论坛，2016. 大数据时代的医疗革命[M]. 刘波，译. 北京：东方出版社.

Adams M D，Kelley J M，Gocayne J D，et al.，1991. Complementary DNA sequencing：expressed sequence tags and human genome project[J]. Science，252(5013)：1651-1656.

Barrett J C，Hansoul S，Nicolae D L，et al.，2008. Genome-wide association defines more than 30 distinct susceptibility loci for Crohn's disease[J]. Nature Genetics，40(8)：955-962.

Bernacchi D，Beck-Bunn T，Eshed Y，et al.，1998. Advanced backcross QTL analysis in tomoto. I. Identification of QTL for traits of agronomic importance from *Lycopersicon hirsutum*[J]. Theoretical and Applied Genetics，97(3)：381-397.

Bortiri E，Jackson D，Hake S，2006. Advances in maize genomics：the emergence of positional cloning[J]. Current Opinion in Plant Biology，9(2)：164-171.

Cantor R M，Lange K，Sinsheimer J S，2010. Prioritizing GWAS results：a review of statistical methods and recommendations for their application[J]. The American Journal of Human Genetics，86(1)：6-22.

Ciobanu D C，Lu L，Mozhui K，et al.，2010. Detection，validation，and downstream analysis of allelic variation in gene expression[J]. Genetics，184(1)：119-128.

Colbert T，Till B J，Tompa R，et al.，2001. High-throughput screening for induced point mutations[J]. Plant Physiology，126(2)：480-484.

Comai L，Young K，Till B J，et al.，2004. Efficient discovery of DNA polymorphisms in natural populations by EcoTILLING[J]. The Plant Journal，37(5)：778-786.

Cui Y, Kang G, Sun K, et al., 2008. Gene-centric genomewide association study via entropy[J]. Genetics, 179(1): 637-650.

Dabbene F, Gay P, 2011. Food traceability systems: performance evaluation and optimization[J]. Computers and Electronics in Agriculture, 75(1): 139-146.

Daly A K, 2010. Pharmacogenetics and human genetic polymorphisms[J]. Biochemical Journal, 429(3): 435-449.

De Jager P L, Jia X M, Wang J, et al., 2009. Meta-analysis of genome scans and replication identify *CD6*, *IRF8* and *TNFRSF1A* as new multiple sclerosis susceptibility loci[J]. Nature Genetics, 131(7): 776-782.

Engelman C D, Baurley J W, Chiu Y F, et al., 2009. Detecting gene-environment interactions in genome-wide association data[J]. Genetic Epidemiology, 33(S1): S68-S73.

Frazer K A, Ballinger D G, Cox D R, et al., 2007. A second generation human haplotype map of over 3.1 million SNPs[J]. Nature, 449(7164): 851-861.

Gao Y X, 2014. A multiple sequence alignment algorithm based on inertia weights particle swarm optimization[J]. Journal of Bionanoscience, 8(5): 400-404.

Gilchrist E J, Haughn G W, 2005. TILLING without a plough: a new method with applications for reverse genetics[J]. Current Opinion in Plant Biology, 8(2): 211-215.

Gill R W, Hodgman T C, Littler C B, et al., 1997. A new dynamic tool to perform assembly of expressed sequence tags (ESTs)[J]. Computer Applications in the Biosciences, 13(4): 453-457.

Göring H H, Terwilliger J D, Blangero J, 2001. Large upward bias in estimation of locus-specific effects from genomewide scans[J]. The American Journal of Human Genetics, 69(6): 1357-1369.

Gupta R, Pankaj A, Soni A K, 2013. MSA-GA: multiple sequence alignment tool based on genetic approach[J]. International Journal of Soft Computing and Software Engineering, 3(8): 1-11.

Meng H J, Vera I, Che N, et al., 2007. Identification of *Abcc6* as the major causal gene for dystrophic cardiac calcification in mice through integrative genomics[J]. PNAS, 104(11): 4530-4535.

Houlston R S, Webb E, Broderick P, et al., 2008. Meta-analysis of genome-wide association data identifies four new susceptibility loci for colorectal cancer[J]. Nature Genetics, 40(12): 1426-1435.

Lander E, Kruglyak L, 1995. Genetic dissection of complex traits: guidelines for interpreting and reporting linkage results[J]. Nature Genetics, 11(3): 241-247.

Lee K O, Bae Y, Nakaji K, 2010. Construction and management status of agricultural traceability information system of Korea[J]. Journal of the Faculty of Agriculture Kyushu University, 55(2): 349-355.

Li H, Deng H, 2010. Systems genetics, bioinformatics and eQTL mapping[J]. Genetica, 138(9-10): 915-924.

Li H, Zhang P, 2012. Systems genetics: challenges and developing strategies[J]. Biologia, 67(3): 435-446.

Li H, 2013. Systems genetics in "-omics" era: current and future development[J]. Theory in Biosciences, 132(1): 1-16.

Liu K H, McCormack M, Sheen J, 2012. Targeted parallel sequencing of large genetically-defined genomic regions for identifying mutations in *Arabidopsis*[J]. Plant Methods, 8(1): 12-12.

Liu Y C, Schmidt B, Maskell D L, 2010. MSAProbs: Multiple sequence alignment based on pair hidden Markov models and partition function posterior probabilities[J]. Bioinformaics, 26(16): 1958-1964.

MacRae C A, Vasan R S, 2011. Next-generation genome-wide association studies: time to focus on phenotype?[J]. Circulation: Genomic and Precision Medicine, 4(4): 334-336.

Mao M X, Duan Q C, 2016. Modified artificial bee colony algorithm with self-adaptive extended memory[J]. Cybernetics and Systems: An International Journal, 47(7): 585-601.

Nuzhdin S V, Friesen M L, McIntyre L M, 2012. Genotype-phenotype mapping in a post-GWAS world[J]. Trends in Genetics, 28(9): 421-426.

Öztürk C, Aslan S, 2016. A new artificial bee colony algorithm to solve the multiple sequence alignment problem[J]. International Journal of Data Mining and Bioinformatics, 14(4): 332-353.

Öztürk C, Hancer E, Karaboga D, 2015. Dynamic clustering with improved binary artificial bee colony algorithm[J]. Applied Soft Computing, 28(3): 69-80.

Pascal G, Mahe S, 2001. Identity, traceability, acceptability and substantial equivalence of food[J]. Cellular and Molecular Biology, 47(8): 1329-1342.

Paux E, Legeai F, Guilhot N, et al., 2008. Physical mapping in large genomes: accelerating anchoring of BAC contigs to genetic maps through in silico analysis[J]. Functional & Integrative Genomics, 8(1): 29-32.

Peters J L, Cnudde F, Gerats T, 2003. Forward genetics and map-based cloning approaches[J]. Trends in Plant Science, 8(10): 484-491.

Price A H, 2006. Believe it or not, QTLs are accurate![J]. Trends in Plant Science, 11(5): 213-216.

Quraishi U M, Abrouk M, Bolot S, et al., 2009. Genomics in cereals: from genome-wide conserved orthologous set (COS) sequences to candidate genes for trait dissection[J]. Functional & Integrative Genomics, 9(4): 473-484.

Rani R R, Ramyachitra D, 2016. Multiple sequence alignment using multi-objective based bacterial foraging optimization algorithm[J]. Biosystems, 150(10): 177-189.

Raychaudhuri S, Remmers E F, Lee A T, et al., 2008. Common variants at *CD40* and other loci confer risk of rheumatoid arthritis[J]. Nature Genetics, 40(10): 1216-1223.

Risch N J, Merikangas K R, 1996. The future of genetic studies of complex human diseases[J]. Science, 273(5281): 1516-1517.

Rubio-Largo A, Vega-Rodriguez M A, Gonzalez-Alvarez D L, 2016. A hybrid multiobjective memetic metaheuristic for multiple sequence alignment[J]. IEEE Transactions on Evolutionary Computation, 20(4): 499-514.

Sabatti C, Service S, Freimer N, 2003. False discovery rate in linkage and association genome screens for complex disorders[J]. Genetics, 164(2): 829-833.

Scheetz T E, Kim K Y, Swiderski R E, et al., 2006. Regulation of gene expression in the mammalian eye and its relevance to eye disease[J]. PNAS, 103(39): 14429-14434.

Sun J, Wu X J, Fang W, et al., 2012. Multiple sequence lignment using the Hidden Markov Model trained by an improved quantum-behaved particle swarm optimization[J]. Information Sciences, 182(1): 93-114.

Takahashi J S, Pinto L H, Vitaterna M H, 1994. Forward and reverse genetic approaches to behavior in the mouse[J]. Science, 264(5166): 1724-1733.

Tang W W, Wu X B, Jiang R, et al., 2009. Epistatic module detection for case-control studies: a Bayesian model with a Gibbs sampling strategy[J]. PLOS Genetics, 5(5): e1000464.

Tibola C S, Fachinellol J C, Rombaldi C V, et al., 2008. Traceability of peaches from integrated production in South Brazil[J]. Scientia Agricola, 65(1): 10-15.

Tsvetanov S, Ivanova D, Zografov B, 2015. Ant colony optimization applied for multiple sequence alignment[J]. Biomath Communications, 2(1): 800-806.

Wang S, Yehya N, Schadt E E, et al., 2006. Genetic and genomic analysis of a fat mass trait with complex inheritance reveals marked sex specificity[J]. PLOS Genetics, 2(2): e15.

Xiao J, Grandillo S, Ahn S N, et al., 1996. Gene from wild rice improve yield[J]. Nature, 384(6606): 223-224.

Zambrano-Vega C, Nebro A J, Durillo J J, et al., 2017. Multiple sequence alignment with multi-objective metaheuristics: a comparative study[J]. International Journal of Intelligent Systems, 32(2): 843-861.

Zeggini E, Scott L J, Saxena R, et al., 2008. Meta-analysis of genome-wide association data and large-scale replication identifies additional susceptibility loci for type 2 diabetes[J]. Nature Genetics, 40(5): 638-645.

Zhu H Z, He Z S, Jia Y Y, 2016. A novel approach to multiple sequence alignment using multi- objective evolutionary algorithm based on decomposition[J]. IEEE Journal of Biomedical and Health Informatics, 20(2): 717-727.

Zhu Q, Smith S M, Ayele M, et al., 2012. High-throughput discovery of mutations in tef semi-dwarfing genes by next-generation sequencing analysis[J]. Genetics, 192(3): 819-829.